Posthoff · Woschni

Funktionaltransformationen

Funktionaltransformationen der Informationstechnik

von
Christian Posthoff
und
Eugen-Georg Woschni

Mit 40 Abbildungen

Akademie-Verlag · Berlin 1984

Verfasser:

Prof. Dr. sc. techn., Dr. rer. nat. Christian Posthoff
Technische Hochschule Karl-Marx-Stadt

Prof. Dr.-Ing. habil., Dr.-Ing. E. h. Eugen-Georg Woschni
Technische Hochschule Karl-Marx-Stadt

Dieser Titel wurde vom Originalmanuskript des Autors reproduziert

Erschienen im Akademie-Verlag, DDR-1086 Berlin, Leipziger Straße 3—4

Lizenznummer: 202 · 100/410/84
Printed in the German Democratic Republic
Gesamtherstellung: VEB Kongreß- und Werbedruck, 9273 Oberlungwitz
Lektor: Dipl.-Phys. Gisela Lagowitz
Umschlaggestaltung: Rolf Kunze
LSV 1094
Bestellnummer: 763 353 4 (6825)

02800

VORWORT

Die Anwendung der Mathematik in den Ingenieur- und Technikwissenschaften, die Erhöhung ihrer Wirksamkeit, die Ausschöpfung der von ihr gebotenen Möglichkeiten, sind keine neuen Forderungen und lassen sich an vielen Beispielen bis ins Altertum zurückverfolgen, wobei die Technische Mechanik und die Elektrotechnik sicherlich die hervorragendsten Beispiele sind. Im Zusammenhang mit der wissenschaftlich-technischen Revolution, insbesondere auch der Entwicklung der Rechentechnik und der Mikroelektronik, gewinnt dieser Problemkreis ständig noch weiter an Bedeutung.

Der fortgeschrittenste Stand im Wechselverhältnis Mathematik - Technische Disziplin wird natürlich in der Forschung realisiert und hängt damit stark von den mathematischen Mitteln und Möglichkeiten der an der Lösung der Aufgaben Beteiligten ab. Diese Mittel und Möglichkeiten sind aber in hohem Maße Gegenstand und Ergebnis der Mathematikausbildung der Ingenieure. Es steht damit ständig das Problem, das Niveau der mathematischen Bildung der Ingenieure zu erhöhen und ein anwendungsbereites, handhabbares Wissen zu erzielen.

Das läßt sich möglicherweise noch in geringem Umfang durch Erweiterung des Umfanges der Mathematikausbildung und durch eine intensivere Beschäftigung mit den mathematischen Grundlagen der jeweiligen Disziplin erreichen, jedoch gibt es hier, wenn überhaupt, dann nur noch geringe Reserven in bezug auf die zur Verfügung stehende Zeit. Nach unserer Meinung ist es aber auch möglich und erforderlich, Ingenieurstudenten mit dem Wesen tieferliegender mathematischer Begriffe und Theorien "abstrakt" vertraut zu machen, d. h. in gewisser Weise die deduktive Vorgehensweise der Mathematik zur Darstellung der Grundprinzipien zu verwenden, allgemeine Begriffsbildungen zu diskutieren und den "konkreten" Bereich ziemlich spät, dann aber in wenigen Schritten, zu erfassen. Dieses so zu erreichende tiefere Verständnis verringert unseres Erachtens die Gefahr, das prinzipielle Verständnis der jeweiligen Begriffe durch rechnerische

Probleme und die Gewöhnung an einen bestimmten Formelapparat zu überdecken.

In diesem Sinne ist dieses Buch ein Versuch, einen konkreten Beitrag zur Mathematikausbildung von Ingenieurstudenten zu liefern. Als Beispiel wird das Gebiet der Informationstechnik gewählt, das traditionell einen hohen "Mathematisierungsgrad" aufweist. Hier werden den Studenten sehr viele "unterschiedliche" Kenntnisse vermittelt, die aber bei genauerer Betrachtung vom mathematischen Standpunkt aus einheitlich auf dem Begriff des linearen Vektorraums (spez. des Hilbert-Raumes) beruhen und sich durch Konkretisierung von abstrakteren Grundbegriffen ergeben.

Es wird der Versuch unternommen, die benötigten Grundbegriffe anschaulich und exakt zu entwickeln, wobei der Darstellung der Ideen und deren Zusammenhänge breiterer Raum eingeräumt wird. In einer Reihe von Schemata werden die sich ergebenden Zuordnungen skizziert. Anwendungen sind in Form von Beispielen eingestreut und dienen "nur" zur Erläuterung der Zusammenhänge und deren physikalisch-anschaulicher Deutung. Trotz einer angestrebten Exaktheit und Klarheit, trotz des Versuches, eine bestimmte Lückenlosigkeit zu erreichen, mußten natürlich zwangsläufig auch wesentliche Dinge weggelassen werden. Die komplexe Funktionentheorie und die Vertrautheit mit der Integrationstheorie müssen vorausgesetzt werden. Wir haben an keiner Stelle Hinweise auf die notwendigen Unterscheidungen beispielsweise von Lebesgue- und Riemann-Integralen gemacht, sondern setzen die Existenz der benötigten Integrale einfach voraus u. a. m.

Bei dieser Vorgehensweise besteht die Gefahr natürlich vor allem darin, daß dem Mathematiker "triviale Mathematik" und zuwenig Technik, dem Techniker aber "zu wenig Technik" und "zu viel Mathematik" geboten wird. Wir hoffen, daß uns die Fusion dieser beiden Aspekte so gelungen ist, daß dieses Buch für Studenten mittlerer und höherer Semester wertvoll ist: Mit vernünftigem Aufwand soll einerseits der "mathematische Horizont" erweitert und damit der Anschluß an die mathematische Fachliteratur hergestellt, andererseits die in der Technik angewandte Mathematik verstehbarer, nachschlagbarer und damit leichter und sicherer handhabbar gemacht werden.

Die Literatur (sowohl technischer als auch mathematischer Art) ist besonders zu den hier angesprochenen Gebieten außerordentlich umfangreich; das Literaturverzeichnis trägt in gewisser Weise "zufälligen" Charakter, da die Bücher so verwendet wurden, wie sie gerade "zur Hand" waren. Somit ist auch das eventuelle Fehlen von Literaturstellen weder beabsichtigt noch als Wertung anzusehen. Da es sich bei den hier dargestellten Zusammenhängen um mathematisches und um technisches Grundwissen handelt, sind im Text keine Literaturstellen genannt.

Die Autoren danken ihren Kollegen Dr. Barthel, Dr. Herold, Dr. Jehmlich und Prof. Dr. Bochmann, deren Diskussionen und Problemstellungen vielen Ideen zugrunde liegen und die ihre reichhaltigen pädagogischen Erfahrungen bereitwillig zur Verfügung stellten.

Dank gebührt weiterhin dem Akademie-Verlag Berlin und seiner Lektorin, Frau Dipl.-Phys. G. Lagowitz, daß sie uns dieses hiermit zur Diskussion gestellte Experiment als einen Beitrag zur Diskussion um die Mathematik-Ausbildung von Ingenieuren und Technikern ermöglicht haben.

Karl-Marx-Stadt, Mai 1983

Christian Posthoff
Eugen-Georg Woschni

INHALTSVERZEICHNIS Seite

1. MENGENTHEORETISCHE GRUNDLAGEN

1.1. Mengen und Mengenoperationen

Ausgangspunkt unserer Überlegungen ist der auch für Nichtmathematiker - Techniker, Ingenieure - durchaus gebräuchliche Begriff der Menge, mit dessen Hilfe sich alle im weiteren notwendigen Sachverhalte bequem und anschaulich, aber auch exakt und sicher darstellen und ausdrücken lassen.

Unter einer Menge verstehen wir stets eine Zusammenfassung unterschiedlicher Objekte, der Elemente der Menge, zu einem einheitlichen Ganzen.

Man sagt von einem bestimmten Element e, es sei in der Menge M enthalten und bezeichnet diesen Sachverhalt durch $e \in M$ (e ist Element von M).
Eine Menge M läßt sich beschreiben

a) durch explizite Aufzählung der zu M gehörenden Elemente;

b) durch Festlegung einer Eigenschaft, die die Elemente der Menge besitzen müssen;

c) durch Angabe einer Vorschrift, nach der die Elemente der Menge erzeugt werden können.

Der Fall a) wird benutzt für endliche, nicht zu große Mengen. Man veranschauliche sich diese Art der Definition einer Menge etwa an der Menge der Schüler einer bestimmten Klasse, der Menge der Mieter eines bestimmten Hauses und identifiziere Klassen- oder Hausbuch mit der Darstellung der Menge. Wir verwenden hierfür die Schreibweise

$$M = \{a_1, a_2, \ldots, a_{n-1}, a_n\} .$$

Bei der Angabe einer bestimmten Eigenschaft muß die Formulierung so klar sein, daß für jedes in Frage kommende Objekt eindeutig entscheidbar ist, ob es diese Eigenschaft besitzt oder nicht.

Die Menge

$$M = \{x \mid x \text{ natürliche Zahl und } x \text{ teilbar durch } 2\}$$

besteht aus den Elementen 0, 2, 4, 6, 8, ..., wobei die Punkte darauf hindeuten, daß diese Folge "beliebig weit" fortzusetzen ist.

Die Entscheidung, ob ein bestimmtes Element zu einer derart beschriebenen Menge gehört oder nicht, kann durchaus ein sehr schwieriges oder sogar ungelöstes Problem sein (man denke nur an Lösungen komplizierter Gleichungen o. ä.).

Für den Fall c) wählen wir beispielsweise $u_0 = 1$, $u_1 = 1$ und definieren für $n \geqslant 2$:

$$u_n = u_{n-1} + u_{n-2}.$$

Jedes weitere Element entsteht also durch Addition der beiden Vorgänger; man erhält als Fortsetzung der Folge sofort $u_2 = 2$, $u_3 = 3$, $u_4 = 5$, $u_5 = 8$, $u_6 = 13$ usw. Will man feststellen, ob eine bestimmte Zahl x zur so definierten Menge gehört, so besteht die einfachste Vorgehensweise darin, alle Zahlen der Folge zu erzeugen, bis x erreicht oder überschritten wird, und dann konkret zu prüfen, ob x mit erzeugt wurde oder nicht.

Fall c) betont in gewisser Weise den algorithmischen Aspekt bei der Erzeugung der Elemente der Menge und wird eigentlich bereits von b) mit überdeckt. Alle Elemente einer so beschriebenen Menge besitzen ja gerade die Eigenschaft, daß sie mit Hilfe eines konkreten Verfahrens erzeugt werden können.

Soll betont werden, daß ein Element e nicht zur Menge M gehört, so schreiben wir $e \notin M$.
Gehören alle Elemente einer Menge M auch zur Menge N, so ist M eine <u>Teilmenge</u> (oder auch <u>Untermenge</u>) von N bzw. N eine <u>Obermenge</u> von M (bezeichnet durch $M \subseteq N$ bzw. $N \supseteq M$).
Zwei Mengen M und N werden als gleich angesehen ($M = N$), wenn sie genau die gleichen Elemente enthalten. Das bedeutet aber

auch, daß es bei der Aufzählung der Elemente einer Menge auf deren Reihenfolge nicht ankommt:

$$\{1, 2, 3\} = \{2, 3, 1\} = \{3, 1, 2\} \text{ usw.}$$

Die Gleichheit von Mengen läßt sich somit zurückführen auf die Teilmengenbeziehung:

$$M = N \Longleftrightarrow M \subseteq N \text{ und } N \subseteq M.$$

Will man den Fall der Gleichheit gerade ausschließen, so spricht man von echten Teilmengen und bezeichnet dies durch

$$M \subset N \Longleftrightarrow M \subseteq N \text{ und } M \neq N.$$

Die leere Menge (bezeichnet durch $\emptyset$) ist eine Menge, die überhaupt kein Element enthält; sie ist Teilmenge jeder beliebigen anderen Menge.

Beispiel. K sei die Menge aller Schüler einer bestimmten Klasse. Die Menge J aller männlichen Schüler dieser Klasse ist Teilmenge von K. Je nach Zusammensetzung der Klasse kann dabei gelten:

$J = \emptyset$ (keine männlichen Schüler vorhanden),
$J \subset K$ (auch weibliche Schüler vorhanden),
$J = K$ (nur männliche Schüler vorhanden).

Aus einer gegebenen Menge M läßt sich eine neue Menge P(M) bilden durch Zusammenfassung aller Teilmengen zur Potenzmenge von M:

$$P(M) = \{X \mid X \subseteq M\}.$$

Ist M eine endliche Menge mit n Elementen, so besitzt P(M) 2^n Elemente. Nach obigen Erläuterungen gilt stets:

$$\emptyset \in P(M), \quad M \in P(M).$$

Beispiel.

$M = \{a,b,c\}$;
$P(M) = \{\emptyset, \{a\}, \{b\}, \{c\}, \{a,b\}, \{a,c\}, \{b,c\}, M\}.$

P(M) ist also eine Menge, deren Elemente wiederum Mengen sind. Man beachte auch sorgfältig den Unterschied zwischen dem Element x und der Einermenge $\{x\}$:

$$x \neq \{x\}, \quad x \in \{x\}, \quad \{x\} \in P(\{x\}).$$

Aus zwei gegebenen Mengen M und N lassen sich mit Hilfe von Mengenoperationen neue Mengen gewinnen:

<u>1. Durchschnitt:</u>

$$M \cap N = \{x \mid x \in M \text{ und } x \in N\}$$

<u>2. Vereinigung:</u>

$$M \cup N = \{x \mid x \in M \text{ oder } x \in N\}$$

<u>3. Differenz:</u>

$$M \setminus N = \{x \mid x \in M \text{ und } x \notin N\}$$

<u>4. Symmetrische Differenz:</u>

$$M \vartriangle N = \{x \mid x \in (M \setminus N) \text{ oder } x \in (N \setminus M)\}$$

<u>5. Komplement der symmetrischen Differenz:</u>

$$M \overline{\vartriangle} N = \{x \mid x \notin (M \setminus N) \text{ und } x \notin (N \setminus M)\}$$

Als Sonderfall der Differenzbildung definieren wir schließlich noch das Komplement einer Menge:

Ist $M \subseteq E$, so heißt $E \setminus M$ das <u>Komplement</u> von M bzgl. E (bezeichnet durch $\overline{M}^E$ oder einfach durch $\overline{M}$, falls E aus dem Zusammenhang ersichtlich ist).

Eine graphische Veranschaulichung dieser Operationen sowie wichtige Rechenregeln sind im Anhang I dargestellt.

Im weiteren werden häufig folgende Mengen benötigt:

$\underline{N}$ Menge der natürlichen Zahlen $\{0,1,2,3,\ldots\}$,
$\underline{G}$ Menge der ganzen Zahlen $\{0,\pm 1,\pm 2,\ldots\}$,

$\underline{R}$ Menge der reellen Zahlen,
$\underline{K}$ Menge der komplexen Zahlen.

Als Grundregel für die spätere Arbeitsweise muß stets gelten, daß man die in einem bestimmten Zusammenhang zu betrachtenden Mengen genau und exakt definiert hat und stets völlige Klarheit darüber herrscht, in welchem Gegenstandsbereich gearbeitet wird.

Sehr viele Fehler, Unklarheiten, fruchtlose Bemühungen um die Lösung eines Problems sind auf unzureichend klare und exakte Beschreibungen bzw. auf unsaubere, im Verlaufe der Arbeit wechselnde Interpretationen zurückzuführen.

1.2. Abbildungen

Während für eine Menge nur wesentlich ist, welche Elemente sie enthält, die Reihenfolge der Aufzählung aber keine Rolle spielt, benötigen wir jetzt eine Zusammenfassung von Elementen unter Berücksichtigung der Reihenfolge.
Dies führt uns zum Begriff des <u>geordneten Paares,</u> dessen mengentheoretische Definition in folgender Weise vorgenommen werden kann:

$$(a, b) = \{\{a, b\}, a\}.$$

Man faßt die Elemente a und b zu einer Menge zusammen, wobei das Element a noch einmal extra hervorgehoben wird. Dadurch soll betont werden, daß es das <u>erste</u> Element des Paares ist. Wir wollen uns im weiteren für geordnete Paare stets der Schreibweise mit runden Klammern bedienen und mit dem geordneten Paar folgende inhaltliche Vorstellungen verbinden:

1. Zwei Paare (a_1, b_1) und (a_2, b_2) sind dann und nur dann gleich, wenn $a_1 = a_2$ und $b_1 = b_2$ gilt.

2. Im allgemeinen (d. h. für $b \neq a$) ist $(a, b) \neq (b, a)$.

3. (a, a) ist eine sinnvolle Paarbildung (während sonst $\{a, a\} = \{a\}$ gilt).

Diese Paarbildung läßt sich sofort anschaulich auf mehr als zwei Elemente verallgemeinern; unter

$$(a_1, a_2, \ldots, a_{n-1}, a_n)$$

verstehen wir die geordnete Zusammenfassung der Elemente $a_1, \ldots, a_n$ (das <u>n-Tupel</u> $(a_1, \ldots, a_n)$), und

$$(a_1, a_2, \ldots, a_n) = (b_1, b_2, \ldots, b_n)$$

gilt genau dann, wenn alle Gleichungen

$$a_1 = b_1, a_2 = b_2, \ldots, a_n = b_n$$

gleichzeitig erfüllt sind.

Vertraute Beispiele sind etwa

- die Darstellung von Zahlen in x-y-Koordinatensystemen in der Form (x, y); hier wird x als Abszisse, y als Ordinate bezeichnet;
- die Darstellung von Punkten im dreidimensionalen Raum in der Form (x, y, z);
- die Darstellung von komplexen Zahlen in der Form $(x, y) = x + iy$ in der Gaußschen Zahlenebene;
- die Darstellung von Punkten des n-dimensionalen Raumes durch Vektoren (n-Tupel) der Gestalt $(x_1, \ldots, x_n)$ u. a.

Damit sind wir in der Lage, eine weitere Verknüpfung von Mengen zu definieren, die außerordentlich vielseitig anwendbar ist, das <u>Kreuzprodukt</u> (häufig auch als <u>kartesisches Produkt</u> bezeichnet) von Mengen:

> Für zwei Mengen M und N ist $M \times N = \{(m,n) \mid m \in M \text{ und } n \in N\}$ das <u>Kreuzprodukt</u> der Mengen M und N.

Speziell kann auch M = N sein:

$$M \times M = M^2 = \{(m,n) \mid m \in M \text{ und } n \in M\}.$$

Die Verallgemeinerung auf n Mengen $M_1, \ldots, M_n$ unter Zuhilfenahme von n-Tupeln ergibt sich induktiv:

$$M_1 \times M_2 \times \ldots \times M_n = \{(m_1,\ldots,m_n) \mid m_1 \in M_1,\ldots,m_n \in M_n\}$$

und wiederum als Spezialfall

$$M^n = \{(m_1,\ldots,m_n) \mid m_1 \in M, \ldots, m_n \in M\}.$$

Bezüglich wichtiger Rechenregeln benutze man wiederum Anhang I.

Beispiel. Es sei $M = \{a,b,c\}$, $N = \{1,2\}$. Dann erhält man

$$M \times N = \{(a,1), (a,2), (b,1), (b,2), (c,1), (c,2)\},$$

$$N \times M = \{(1,a), (1,b), (1,c), (2,a), (2,b), (2,c)\},$$

$$M \times M = \{(a,a),(a,b),(a,c),(b,a),(b,b),(b,c),(c,a),(c,b),(c,c)\},$$

$$N \times N = \{(1,1), (1,2), (2,1), (2,2)\} \text{ usw.}$$

Die Bezeichnung "kartesisches Produkt" hängt natürlich eng zusammen mit der Verwendung (rechtwinkliger) kartesischer Koordinatensysteme, die wir später vor allem für Abbildungen und Funktionen benutzen wollen. Ein ganz einfaches Beispiel zeigt noch einmal M x N (Abb. 1).

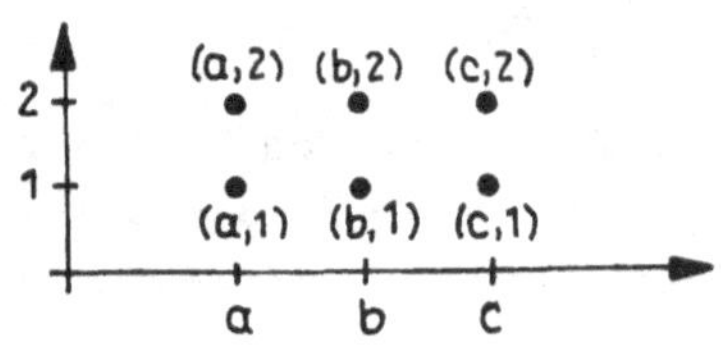

Abb. 1. Das Kreuzprodukt von Mengen

Damit sind alle Voraussetzungen geschaffen, um den für die weiteren Überlegungen grundlegenden Begriff der Abbildung zu formulieren und zu behandeln. Wie man diesen Sachverhalt später auch immer bezeichnen und beschreiben möge - als Transformation, Permutation, Funktional, Operator und vieles andere mehr - stets bleiben die grundlegenden Vorstellungen, Anschauungen und Begriffe gleich, und nur ihr Verständnis bietet die vollständige Gewähr, sich in diesen Anwendungsbereichen zurechtzufinden.

Definition. Eine Abbildung f ist eine Menge geordneter Paare.

Diese sehr einfache und weitreichende Festlegung wollen wir noch ergänzen durch einige weitere Begriffe, ehe einfache Beispiele die Vertrautheit und den Umgang mit ihnen erleichtern sollen.

Gehört ein Paar (x, y) zur Abbildung f, so ist

$$\left.\begin{array}{l} x \text{ ein \underline{Urbild} oder \underline{Argument} von } y \\ y \text{ ein \underline{Bild} oder \underline{Wert} von } x \end{array}\right\} \text{bzgl. } f .$$

Die Bezeichnungen $y = f(x)$ oder $x = f^{-1}(y)$ sind sicherlich jedem Leser vertraut.

Die Menge aller ersten Elemente von Paaren, die zur Abbildung f gehören, bildet den Argument-, Urbild-, Original- oder Definitionsbereich der Abbildung, während die Menge der zweiten Elemente der gleichen Paare als Werte- oder Bildbereich bezeichnet werden soll:

$$D(f) = \{x \mid \text{es gibt ein } (x, y) \in f\},$$

$$W(f) = \{y \mid \text{es gibt ein } (x, y) \in f\}.$$

Es ist also jede Abbildung f eine Teilmenge von $D(f) \times W(f)$; sie kann (allerdings meistens nur prinzipiell) dargestellt werden als Aufzählung geordneter Paare, beispielsweise in Form einer Tabelle:

x	x_1	x_2	...	x_{k-1}	x_k	x_{k+1}	...
y	y_1	y_2	...	y_{k-1}	y_k	y_{k+1}	...

Diese Tabelle veranschaulicht, daß stets $y_k = f(x_k)$, also $(x_k, y_k) \in f$, gilt.

Während wir hier zunächst einmal die Abbildung f als Menge geordneter Paare angesehen und daraus den Definitions- und den Wertebereich als Menge der ersten und zweiten Elemente gebildet haben, hat man in praxi viel häufiger den Fall vorliegen, daß zwei Mengen A und B gegeben sind und die Abbildung f definiert wird, indem man Elementen von A mittels einer <u>bestimmten Vorschrift</u> Elemente von B zuordnet.

Dies widerspricht natürlich der obigen Definition in keiner Weise, betont aber mehr den Prozeß des Abbildens, der Erzeugung der geordneten Paare.

<u>Beispiel.</u> Es sei etwa A = B = $\underline{N}$ die Menge der natürlichen Zahlen, dann entsteht durch die Vorschrift $y = x^2$, $x, y \in \underline{N}$, eine Abbildung, die jeder natürlichen Zahl ihr Quadrat (wieder eine natürliche Zahl) zuordnet. Das Ergebnis ist eine Tabelle der Quadratzahlen:

x	0	1	2	3	4	5	6	7	8	9	10	11	12	13	14	15	16	...
y	0	1	4	9	16	25	36	49	64	81	100	121	144	169	196	225	256	...

Eine Veranschaulichung (einer Abbildung f) in kartesischen Koordinaten geschieht in einfacher Weise wie folgt:

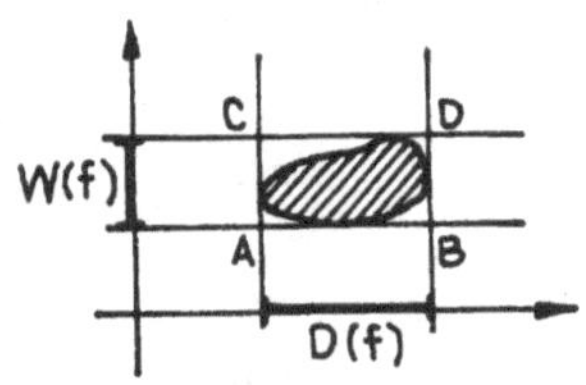

Das Rechteck ABCD repräsentiert D(f) x W(f), während die schraffierte Fläche die Abbildung f verkörpern soll.

Abb. 2. Die Abbildung f als Teilmenge von D(f) x W(f).

Für zwei Mengen A und B und eine Abbildung f wollen wir die folgenden Sprechweisen vereinbaren:

f ist eine Abbildung.

1. aus A in B $\Longleftrightarrow f \subseteq A \times B$;
2. von A in B $\Longleftrightarrow f \subseteq A \times B$ und $D(f) = A$;
3. aus A auf B $\Longleftrightarrow f \subseteq A \times B$ und $W(f) = B$;
4. von A auf B $\Longleftrightarrow f \subseteq A \times B$ und $D(f) = A$, $W(f) = B$;
5. über A $\Longleftrightarrow D(f) = A$. (Siehe Abb. 3)

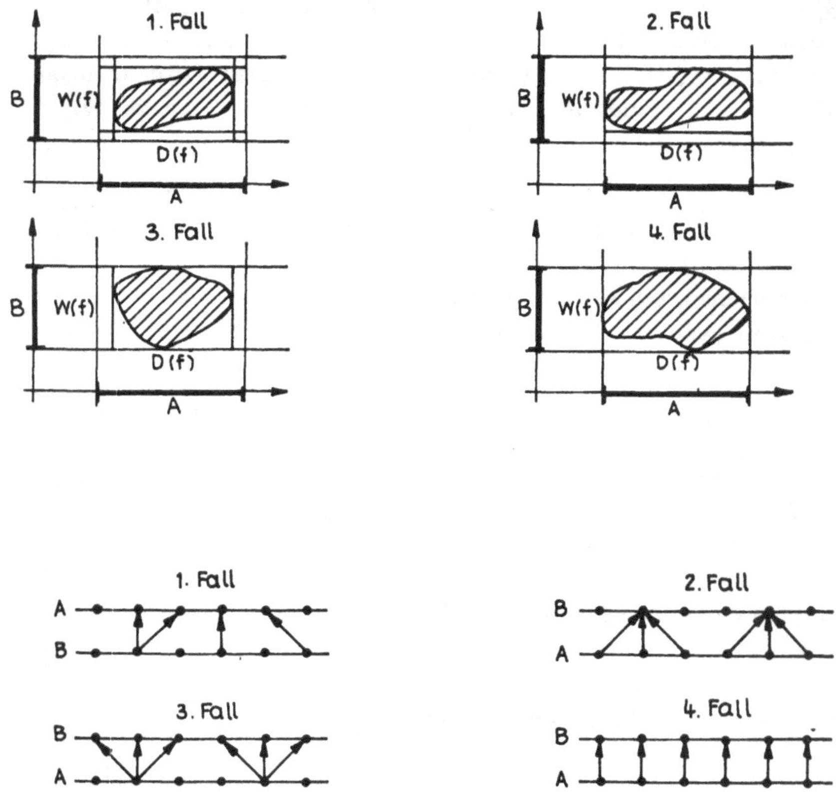

Abb. 3. Die Abbildung f als Teilmenge von A x B.

Im ersten Teil von Abbildung 3 sind A, B und f als Punktmengen (wiederum in einem kartesischen Koordinatensystem) dargestellt; die zweite Form (als <u>gerichteter Graph</u>) werden wir meistens für <u>diskrete</u> Probleme verwenden.
Sehr häufig wird man auch die anschauliche Bezeichnung $f : A \longrightarrow B$ benutzen. Aus dem Zusammenhang wird stets klar sein, ob es sich um eine Abbildung "aus", "von", "in" oder "auf" handelt.

Ist eine Abbildung $f \subseteq A \times B$ gegeben und A_1 eine Teilmenge von A, so kann man aus f alle Paare aussondern, deren erste Elemente nicht zu A_1 gehören. Die verbleibende Restmenge f_{A_1} heißt die <u>auf A_1 eingeschränkte Abbildung</u> f, die Menge der noch vorkommenden zweiten Elemente

$$\{y \mid (x,y) \in f \quad \text{und} \quad x \in A_1\}$$

heißt das <u>Bild von A_1</u> und wird mit $f(A_1)$ bezeichnet.
Ist $B_1 \subseteq B$, so kann man ganz analog nur diejenigen Paare von f betrachten, bei denen das zweite Element zu B_1 gehört. In diesem Fall spricht man von der <u>auf B_1 nachbeschränkten Abbildung</u> f (bezeichnet durch f^{B_1}). Die Menge der noch vorkommenden ersten Elemente

$$\{x \mid (x,y) \in f \quad \text{und} \quad y \in B_1\}$$

heißt das <u>Urbild von B_1</u> und wird mit $f^{-1}(B_1)$ bezeichnet.

Ganz speziell können A_1 und B_1 aus nur einem Element bestehen:

$$A_1 = \{a\} \quad , \quad B_1 = \{b\} ;$$

$f(\{a\})$ und $f^{-1}(\{b\})$ sind dann alle Bild- bzw. Urbildelemente der Elemente a bzw. b (siehe Abb. 4).

Einschränkungen von A auf A_1 bzw. von B auf B_1 können natürlich auch gleichzeitig auftreten.

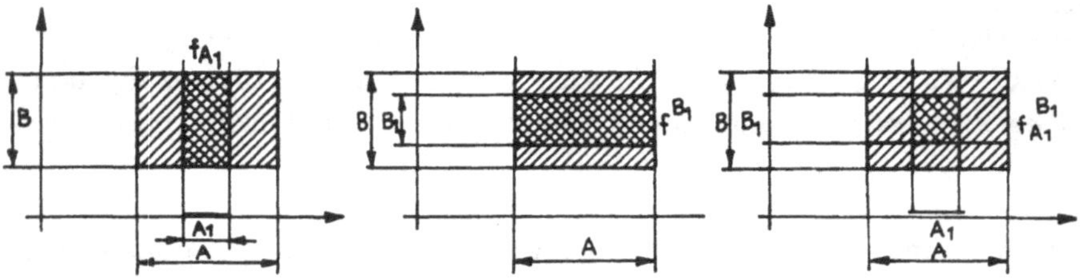

Abb. 4. Die Einschränkung einer Abbildung f.

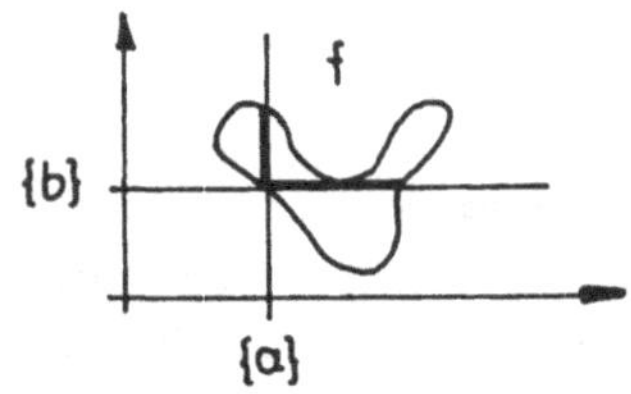

Abb. 5. Die Einschränkung einer Abbildung f auf einzelne Elemente.

Sehr häufig wird man auch den umgekehrten Standpunkt einnehmen: man betrachtet Abbildungen mit einem bestimmten Definitions- und Wertebereich (etwa A_1 und B_1 in Abb. 4) und erweitert diese Bereiche (auf A bzw. B) sowie die entsprechende Abbildung so, daß im Bereich $A_1 \times B_1$ alles unverändert bleibt und nur darüber hinaus weitere Paare hinzugenommen werden.

Beispielsweise werden wir später sehr häufig Funktionen über dem Bereich der reellen Zahlen fortsetzen zu Funktionen komplexer Variabler; das bedeutet eine Erweiterung des Definitionsbereiches von der reellen Achse auf die Gaußsche Zahlenebene.

Da diese Erweiterungen bzw. Einschränkungen meistens sehr naheliegend sind und nahezu automatisch und unbewußt vorgenommen werden können, gilt auch hier das Prinzip, daß man für die zu betrachtenden Abbildungen Definitions- und Wertebereiche genau festlegt und jede Erweiterung bzw. Einschränkung deutlich markiert.

Auf Grund der Definition einer Abbildung als Menge von geordneten Paaren bereitet es überhaupt keine Schwierigkeit, sich die Gleichheit von Abbildungen zu veranschaulichen.
Zwei Mengen sind ja dann gleich, wenn sie die gleichen Elemente enthalten. Wenn also zwei Abbildungen f und g gleich sein sollen, so müssen sie genau die gleichen Paare enthalten.
Insbesondere ist dann auch $D(f) = D(g)$ und $W(f) = W(g)$.

Sehr einfach ist es auch, den Begriff der inversen Abbildung (auch reziproke Abbildung, Umkehrabbildung, Rücktransformation u. ä.) zu definieren. Man vertauscht einfach in jedem zur Abbildung f gehörenden geordneten Paar Argument und Wert:

$$f^{-1} = \{(y,x) \mid (x,y) \in f\}.$$

Damit vertauscht man auch Definitions- und Wertebereich; die zweifache Durchführung einer Inversion führt wieder zur ursprünglichen Abbildung f zurück:

$$D(f^{-1}) = W(f), \quad W(f^{-1}) = D(f),$$

$$(f^{-1})^{-1} = f.$$

Diese Umkehrung von Abbildungen ist am leichtesten durchzuführen in der Tabellen- und in der Graphendarstellung. In der Tabellendarstellung muß man nur die entsprechenden Zeilen oder Spalten miteinander vertauschen, während im Graph lediglich die Pfeilrichtung umzukehren ist (vgl. Abb. 3 und Abb. 6).

Schließlich ist auch die Hintereinanderausführung (das Produkt) von Abbildungen mit Hilfe des Paarbegriffes ganz leicht zu formulieren:
Zu zwei Paaren (x,y) und (y,z), für die der Wert des ersten Paares gleich dem Argument des zweiten ist, bilden wir das Paar (x,z).

x	0	1	2	3	4	5	6	7	8
y	0	1	4	9	16	25	36	49	64

$y = x^2$

Abbildung f

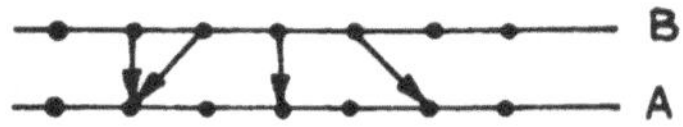

x	0	1	4	9	16	25	36	49	64
y	0	1	2	3	4	5	6	7	8

$y = +\sqrt{x}$

Abbildung f^{-1}

Abb. 6. Die Darstellung inverser Abbildungen.

Geschieht das für alle Paare (x,y) einer Abbildung f und alle Paare (y,z) einer Abbildung g, so entsteht daraus eine Abbildung h = g . f, das Produkt der Abbildungen g und f:

$$h = g \cdot f = \{(x,z) \mid \text{es existiert ein } y \text{ mit } (x,y) \in f \text{ und } (y,z) \in g\}.$$

<u>Beispiel.</u> Es sei f die Abbildung $y = x^2$, g die Abbildung $z = y + 1$.

y	0	1	4	9	16	25	36	...
x	0	1	2	3	4	5	6	...

$f : y = x^2$

z	1	2	3	4	5	6	7	8	9	...
y	0	1	2	3	4	5	6	7	8	...

$g : z = y + 1$

z	1	2	5	10	17	26	37	...
x	0	1	2	3	4	5	6	...

$h : z = x^2 + 1$

Beispielsweise ist also $(2,4) \in f$, $(4,5) \in g$, woraus sofort $(2,5) \in h = g \cdot f$ folgt usw.
Diese Vorgehensweise wird häufig realisiert durch "Einsetzen einer Funktion in eine andere". Auch hierfür gilt - es sei noch einmal wiederholt -, daß nur sorgfältiger Umgang mit den ent-

sprechenden Definitions- und Wertebereichen vor Fehlern schützen kann.
Man erkennt sofort, daß

$$D(h) = D(f), \quad W(h) = W(g)$$

und
$$(g \cdot f)^{-1} = f^{-1} \cdot g^{-1}$$

gelten müssen.

Anmerkung: Will man gelegentlich hervorheben, daß der Definitionsbereich einer Abbildung f aus n-Tupeln besteht, so spricht man von n-stelligen Abbildungen.

1.3. Relationen

Während man bei Abbildungen häufig zuerst eine Originalmenge und dann die Abbildungsvorschrift und das Finden der Bildelemente ins Auge faßt, geht man bei Relationen im allgemeinen eher von einem Vergleich aus. Man wählt zwei Elemente und prüft (vergleicht), ob sie in einer bestimmten Beziehung zueinander stehen (ob sie eine bestimmte Relation erfüllen).

Wir könnten genau wie für Abbildungen eine Relation ebenfalls als beliebige Menge geordneter Paare definieren, wollen aber diese Definition im Hinblick auf die späteren Anwendungen gleich auf eine bestimmte Menge A einschränken.

Definition. R ist eine (binäre, zweistellige) Relation in der Menge A genau dann, wenn $R \subseteq A \times A$ ist.

Beispiel. Es sei $A = \{1,2,3,4,6\}$; die Relation R_1 bestehe aus den Paaren (1,1), (1,2), (1,3), (1,4), (1,6), (2,2), (2,4), (2,6), (3,3), (3,6), (4,4), (6,6), während R_2 die Paare (1,2), (1,3), (1,4), (1,6), (2,3), (2,4), (2,6), (3,4), (3,6), (4,6) enthalten soll.

Man erkennt unschwer, daß folgende Eigenschaften erfüllt sind:

$$(a,b) \in R_1 \Longleftrightarrow \text{a ist ein Teiler von b},$$

$$(a,b) \in R_2 \Longleftrightarrow \text{a ist kleiner als b}.$$

Hier kommt der Prozeß des Vergleichens bzw. Prüfens ganz anschaulich zum Ausdruck. Man wählt zwei Zahlen $a,b \in A$ und prüft, ob a Teiler von b bzw. ob $a < b$ ist oder nicht. Folgende Sprech- und Schreibweisen sind gebräuchlich, falls $(a,b) \in R$ gilt:

R trifft auf (a,b) zu,
a und b stehen in der Relation R zueinander,
a R b.

Dabei wird R in vielfacher Weise durch andere Relationssymbole ersetzt; für R_1 schreibt man beispielsweise häufig $a|b$, während für R_2 ausschließlich $a < b$ üblich ist.

Die <u>Einschränkung einer Relation R</u> auf eine Menge $A_1 \subseteq A$, bezeichnet durch R_{A_1}, versteht sich fast von selbst: es werden nur solche Paare zugelassen, bei denen beide Elemente zu A_1 gehören:

$$R_{A_1} = R \cap (A_1 \times A_1).$$

So sind beispielsweise die obigen Relationen R_1 und R_2 Einschränkungen der über der Menge $\underline{N}$ der natürlichen Zahlen definierten Relationen $|$ bzw. $<$ auf $A_1 = \{1,2,3,4,6\}$.
Bereits aus diesem Beispiel ist ersichtlich, daß die Angabe einer Relation R durch Aufzählung aller Paare in vielen Fällen natürlich völlig unmöglich, zumindest aber stets mühsam und unanschaulich ist. Für nicht zu große Probleme verwendet man günstig die <u>Relationentabelle</u> bzw. den <u>Relationengraphen</u> (siehe Abb. 7).

$a \mid b$	1	2	3	4	6
1	1	1	1	1	1
2	.	1	.	1	1
3	.	.	1	.	1
4	.	.	.	1	.
6	.	.	.	.	1

$a < b$	1	2	3	4	6
1	.	1	1	1	1
2	.	.	1	1	1
3	.	.	.	1	1
4	.	.	.	.	1
6	.	.	.	.	.

a) Relationentabellen für R_1 und R_2.

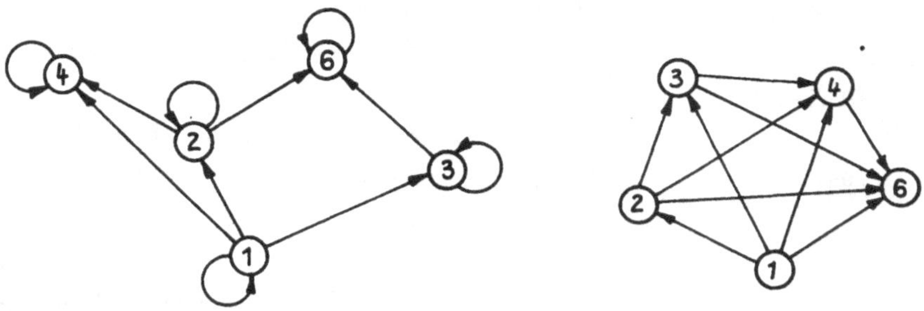

b) Relationengraphen für R_1 und R_2.

Abb. 7. Die Darstellung von Relationen durch Relationentabellen und Relationengraphen.

Für die Relationentabelle verwendet man ein kartesisches Schema (sehr leicht auch als Matrix zu repräsentieren), in dem alle Paare $(a,b) \in R$ durch eine 1 markiert werden. Den anderen Paaren wird eine 0 zugeordnet, hier der Übersichtlichkeit halber nur durch einen Punkt ausgedrückt.

Im Relationengraphen verwendet man die Menge A als <u>Knotenmenge</u>; eine <u>Kante</u> geht vom Knoten a zum Knoten b genau dann, wenn $(a,b) \in R$ ist. Die Einschränkung einer Relation R in A auf eine Menge $A_1 \subseteq A$ geschieht im Relationengraphen einfach dadurch, daß man alle Knoten der Menge $A \setminus A_1$ sowie alle zu ihnen hin- bzw. von ihnen wegführenden Kanten eliminiert.

Wir werden Relationentabelle und -graph vor allem benutzen, um bestimmte Eigenschaften von Relationen leicht und einfach zu veranschaulichen.

Gegeben sei also eine Relation R in der Menge A; dann ist diese Relation

1. <u>reflexiv</u> $\Longleftrightarrow$ für alle $x \in A$ gilt: $(x,x) \in R$;
2. <u>symmetrisch</u> $\Longleftrightarrow$ für alle $x,y \in A$ gilt: $(x,y) \in R \Longrightarrow (y,x) \in R$;
3. <u>antisymmetrisch</u> $\Longleftrightarrow$ für alle $x,y \in A$ gilt: $(x,y) \in R$ und $(y,x) \in R \Longrightarrow x = y$;
4. <u>transitiv</u> $\Longleftrightarrow$ für alle $x,y,z \in A$ gilt: $(x,y) \in R$, $(y,z) \in R \Longrightarrow (x,z) \in R$;
5. <u>linear</u> $\Longleftrightarrow$ für alle $x,y \in A$ gilt: $(x,y) \in R$ oder $(y,x) \in R$.

Die folgende Tabelle interpretiert diese Eigenschaften anschaulich:

Eigenschaft	Relationengraph	Relationentabelle
Reflexivität	Jeder Knoten besitzt eine Schlinge.	Die Hauptdiagonale enthält nur Einsen.
Symmetrie	Mit jeder Kante von x nach y ist auch die Gegenkante von y nach x vorhanden.	Die Tabelle ist symmetrisch zur Hauptdiagonalen.
Antisymmetrie	Für keine Kante (von x nach y) existiert die Gegenkante (von y nach x).	Spiegelbildlich zur Hauptdiagonalen dürfen nie zwei Einsen vorhanden sein.

Transitivität	Für einen Kantenzug (x,y), (y,z) ist auch die direkte Verbindung (x,z) vorhanden.	
Linearität	Zwischen x und y existiert immer eine Kante (von x nach y oder von y nach x).	Spiegelbildlich zur Hauptdiagonalen dürfen nie zwei Nullen vorhanden sein.

Der Leser überzeuge sich davon, daß die Relation R_1 reflexiv, transitiv und antisymmetrisch ist, während R_2 nur transitiv und antisymmetrisch ist.
Die Relation $R_3 = \{(1,2), (2,1), (2,3), (3,2), (4,4)\}$ ist ein Beispiel für eine symmetrische Relation.

Eine inverse Relation R^{-1} definiert man durch Umkehrung aller zu R gehörenden Paare:

$$R^{-1} = \{(x,y) \mid (y,x) \in R\}.$$

R^{-1} ist gerade das Komplement von R bzgl. A x A:

$$R \cap R^{-1} = \emptyset, \quad R \cup R^{-1} = A \times A.$$

In Analogie zu n-stelligen Abbildungen kann man natürlich auch <u>n-stellige</u> Relationen als Teilmenge von A^n definieren; wir werden sie aber hier kaum benötigen.

1.4. Funktionen

Entsprechend der gewählten Zielstellung ist es nun notwendig, sich ausführlicher mit dem Funktionsbegriff zu beschäftigen. Diesen erhalten wir, indem wir spezielle Abbildungen mit gewünschten Eigenschaften aussondern.

Wir hatten in Abb. 5 festgestellt, daß die Einschränkung einer Abbildung f auf eine Einermenge $\{a_1\}$, $a_1 \in D(f)$, durchaus mehrere Elemente enthalten kann.
Diese <u>Mehrdeutigkeit</u> soll im weiteren ausgeschlossen werden.

<u>Definition.</u> Eine Abbildung f heißt <u>eindeutig (rechtseindeutig)</u>, wenn für jedes $x \in D(f)$ die Einschränkung $f_{\{x\}}$ gleich der leeren Menge oder eine Einermenge ist.
Eine Abbildung f heißt <u>linkseindeutig</u>, wenn für jedes $y \in W(f)$ die Einschränkung $f^{\{y\}}$ gleich der leeren Menge oder eine Einermenge ist.
Die Abbildung f ist schließlich <u>eineindeutig</u>, wenn sie sowohl (rechts-)eindeutig als auch linkseindeutig ist.

Bei einer eindeutigen Abbildung f wird also jedem $x \in D(f)$ höchstens ein $y \in W(f)$ zugeordnet, während die Linkseindeutigkeit bewirkt, daß für kein $y \in W(f)$ mehrere $x \in D(f)$ auf dieses y abgebildet werden (siehe Abb. 8).

a) nicht eindeutig, linkseindeutig

b) eindeutig nicht linkseindeutig

c) eineindeutig

Abb. 8. Die Arten der Eindeutigkeit bei Abbildungen.

Damit können wir den Begriff der Funktion formulieren.
<u>Definition.</u> Eine <u>Funktion</u> ist eine eindeutige Abbildung.

Als Beispiele hierfür können sofort alle bekannten und vertrauten Funktionen herangezogen werden; man denke etwa an
$y = \sin x$, $y = \cos x$, $y = e^x$, $y = \log x$, $y = x^n$ usw.

Damit bleiben alle bei Abbildungen erklärten Begriffe erhalten und können sofort sinngemäß angewendet werden; man spricht also etwa vom Produkt von Funktionen, von der Einschränkung oder Erweiterung von Funktionen, von der Umkehrung von Funktionen usw.

Bei der Umkehrung von Funktionen ist zu beachten, daß es durchaus möglich ist, daß hierbei nicht wieder eine Funktion, sondern nur eine Abbildung entsteht. Einfache Beispiele hierfür sind die Funktionen $y = x^2$ bzw. $y = \sin x$ (siehe Abb. 9).

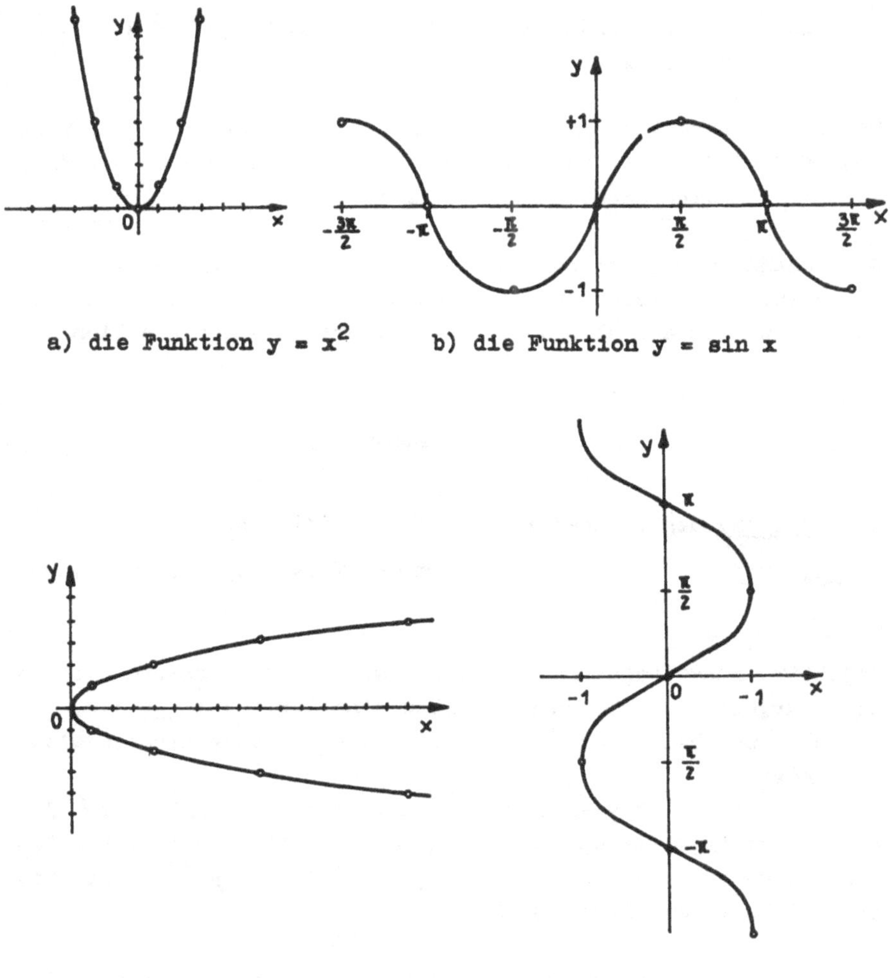

a) die Funktion $y = x^2$

b) die Funktion $y = \sin x$

c) die Umkehrabbildung $y = \sqrt{x}$

d) die Umkehrabbildung $y = \text{Arc} \sin x$

Abb. 9. Die Umkehrung von Funktionen.

Bei der Funktion $y = x^2$ bestehen alle Einschränkungen auf ein y_0 außer für $y_0 = 0$ aus zwei Elementen $\{+x, -x\}$, während für $y = \sin x$ die Einschränkungen auf ein bestimmtes y_0 sogar unendlich viele x-Werte enthalten.
Die Herstellung der Eineindeutigkeit geschieht im ersten Fall durch Einschränkung auf die Menge $\{x \mid x \geq 0\}$, während für $y = \sin x$ die Einschränkung auf das Intervall $\{x \mid -\frac{\pi}{2} \leq x \leq \frac{\pi}{2}\}$ das Gewünschte leistet.

Wir wollen eine Funktion f nur dann als <u>umkehrbar</u> ansehen, wenn auch f^{-1} wieder eine Funktion ist. Dies ist immer dann der Fall, wenn f eine eineindeutige Abbildung ist.

Sehr häufig verwendet werden die folgenden, der französischen Mathematik nahestehenden Begriffe, die wir der Vollständigkeit halber und zum Anschluß an weitere Literatur angeben wollen.

Eine Funktion f heißt

1. <u>injektiv</u> $\Longleftrightarrow$ für $x_1 \neq x_2$ ist auch $f(x_1) \neq f(x_2)$;
2. <u>surjektiv</u> bzgl. einer Menge B $\Longleftrightarrow$ $W(f) = B$;
3. <u>bijektiv</u> $\Longleftrightarrow$ f ist injektiv und surjektiv bzgl. B.

Injektive Funktionen sind identisch mit den umkehrbaren Funktionen; surjektive Funktionen bewirken eine Abbildung <u>auf</u> die Menge B, und bei bijektiven Funktionen sind beide Eigenschaften vorhanden.
Beispielsweise ist $y = \sin x$ surjektiv bzgl. $B = \{y \mid -1 \leq y \leq 1\}$, aber nicht injektiv und demzufolge auch nicht bijektiv. Die Einschränkung von $y = \sin x$ auf $\{x \mid -\frac{\pi}{2} \leq x \leq \frac{\pi}{2}\}$ besitzt aber diese beiden Eigenschaften.

Auf Grund der mengentheoretischen Definition sind zwei Funktionen f und g genau dann gleich, wenn sie (als Menge) die gleichen Paare enthalten; insbesondere ist dann

$$D(f) = D(g), \quad W(f) = W(g),$$

und für beliebige x, y gilt:

$$f(x) = y \iff g(x) = y.$$

Der Vollständigkeit halber sei wiederum erwähnt, daß der Definitionsbereich einer Funktion seinerseits aus n-Tupeln bestehen kann; man spricht dann wieder sinngemäß von n-stelligen Funktionen.

Eine spezielle Abbildung (Relation, Funktion), die gelegentlich benötigt wird, ist die <u>Identität</u> über einer Menge A:

$$Id_A = \{(x,x) \mid x \in A\}.$$

Schließlich können wir die behandelten Begriffe noch verwenden, um <u>Permutationen</u> zu erklären: unter einer Permutation π verstehen wir eine eineindeutige Abbildung (eine umkehrbare Funktion) einer Menge P auf sich selbst, d. h., es gilt:

$$D(\pi) = W(\pi) = P.$$

Für endliche Mengen ist es üblich, die Elemente der Menge P durchzunumerieren und jedem Element p_i das Element $\pi(p_i)$ zuzuordnen; die Elemente erscheinen dann allesamt wieder als Bildelemente, nur in anderer Reihenfolge (deshalb Permutation von lat. permutare = vertauschen).
Ist $P = \{a,b,c\}$, so hat man die folgenden 6 Permutationsmöglichkeiten:

$$\pi_1 = \begin{pmatrix} a & b & c \\ a & b & c \end{pmatrix}, \quad \pi_2 = \begin{pmatrix} a & b & c \\ a & c & b \end{pmatrix}, \quad \pi_3 = \begin{pmatrix} a & b & c \\ b & a & c \end{pmatrix},$$

$$\pi_4 = \begin{pmatrix} a & b & c \\ b & c & a \end{pmatrix}, \quad \pi_5 = \begin{pmatrix} a & b & c \\ c & a & b \end{pmatrix}, \quad \pi_6 = \begin{pmatrix} a & b & c \\ c & b & a \end{pmatrix}.$$

Damit existieren für jede endliche Menge von n Elementen $n! = n(n-1) \ldots .2.1$ Permutationen. Die Verknüpfung von 2 Permutationen liefert stets wieder eine Permutation.

1.5. Operationen

Nunmehr sind wir auch in der Lage, den wichtigen Begriff der Operation einzuführen, indem wir spezielle Funktionen betrachten. Anschaulich hat man ja bei einer Operation die Vorstellung, daß man beispielsweise zwei Zahlen miteinander durch Addition verknüpft und damit eindeutig ein Ergebnis (die Summe) gewinnt. Es wird also, allgemein gesprochen, einem Paar von Elementen wiederum ein Element der gleichen Art zugeordnet, wobei die Ausführung der Operation, die Gewinnung des Ergebnisses - also gewissermaßen der algorithmische Aspekt - im Mittelpunkt steht.

Definition. Eine Operation in der Menge A ist eine Funktion von A x A in A.

Damit kommt also die eindeutige Verknüpfung von Elementen von A zu einem Ergebnis, das wieder in A liegt, zum Ausdruck. Schränkt man (wie bei Abbildungen und Funktionen) eine Operation auf eine bestimmte Teilmenge $X \times X \subseteq A \times A$ ein, so ist wichtig, daß auch das Operationsergebnis wiederum in X liegt, daß also X gegenüber der Operation abgeschlossen ist.

Betrachtet man etwa die Addition über der Menge $\underline{R}$ der reellen Zahlen und schränkt sie auf $\underline{N} \times \underline{N}$ ein, so sind die Ergebnisse alle wiederum in $\underline{N}$ enthalten (die Summe zweier natürlicher Zahlen ist wieder eine natürliche Zahl); auf die Division trifft dies aber nicht zu (nur "sehr wenige" natürliche Zahlen lassen sich ohne Rest durcheinander dividieren).

Für Operationen sind im allgemeinen sehr viele unterschiedliche Bezeichnungen möglich und üblich - man denke etwa an + (Addition), - (Subtraktion), . (Multiplikation), : (Division), die bereits behandelten Mengenoperationen usw. usf.

Wie bei Abbildungen und Funktionen betrachtet man auch Funktionen von A^n in A und bezeichnet diese als n-stellige Operationen.

Im weiteren wollen wir, ehe wir den direkten Schritt zu uns interessierenden mathematischen Strukturen gehen, einige Eigenschaften von Operationen, die bei bestimmten Gelegenheiten wichtig werden können, allgemein formulieren.

Es sei A eine Menge; x, y, z seien Elemente von A; o bezeichne eine Operation in A. Diese Operation heißt

1. <u>assoziativ</u> $\Longleftrightarrow$ $(x \circ y) \circ z = x \circ (y \circ z)$ für alle $x, y, z \in A$;

2. <u>kommutativ</u> $\Longleftrightarrow$ $x \circ y = y \circ x$ für alle $x, y \in A$;

3. <u>idempotent</u> $\Longleftrightarrow$ $x \circ x = x$ für jedes $x \in A$.

Ein Element $n \in A$ ist <u>neutrales</u> Element der Operation o genau dann, wenn

$$x \circ n = n \circ x \qquad \text{für alle } x \in A;$$

zwei Elemente x, y sind <u>zueinander invers,</u> falls ein neutrales Element n existiert und

$$x \circ y = y \circ x = n$$

gilt.
Ist eine zweite Operation $*$ in A gegeben, so ist o <u>distributiv</u> bzgl. $*$ genau dann, wenn

$$x \circ (y * z) = (x \circ y) * (x \circ z) \qquad \text{für alle } x,y,z \in A$$

gilt.

Beispiele für diese Begriffe werden wir noch an vielen Stellen antreffen, einstweilen möge der Leser die Regeln für den Umgang mit (natürlichen, ganzen, reellen oder komplexen) Zahlen oder die Regeln für die Mengenoperationen (Anhang I) zu Rate ziehen, um sie sich zu veranschaulichen.

Auf noch schärfere Begriffsbildungen wollen wir aus Gründen der Einfachheit und Anschaulichkeit verzichten; als Beispiel sei nur angeführt, daß man beispielsweise zunächst die <u>Links-</u> und <u>Rechtsdistributivität</u> erklärt:

$$x \circ (y * z) = (x \circ y) * (x \circ z),$$

$$(y * z) \circ x = (y \circ x) * (z \circ x);$$

falls o eine kommutative Operation ist, fallen diese beiden Gleichungen zusammen; ist dies nicht der Fall, so nennt man o distributiv bzgl. $*$, wenn beide Beziehungen gleichzeitig erfüllt sind u.s.w.

Gelegentlich wird in der Literatur auch der Begriff der <u>äußeren Operation</u> verwendet. Zu diesem Zweck betrachtet man zwei Mengen $\mathcal{R}$ und A; eine Funktion von $\mathcal{R} \times A$ in A bezeichnet man als äußere Operation.
Als Beispiel sei A die Menge aller Vektoren mit drei Komponenten (aller räumlichen Vektoren) und $\mathcal{R}$ die Menge der reellen Zahlen; dann kann man eine "äußere Operation"

$$\alpha \circ x = \alpha \circ (x_1, x_2, x_3) = (\alpha \cdot x_1, \alpha \cdot x_2, \alpha \cdot x_3)$$

für $\alpha \in R$, $x \in A$ erklären, indem man jede Komponente mit α multipliziert.
Die Menge $\mathcal{R}$ wird in diesem Zusammenhang auch als <u>Operatorbereich</u> bezeichnet.

Wir werden im weiteren den Begriff "Operation" nur in der Bedeutung einer Funktion von A x A in A verwenden.

2. MATHEMATISCHE STRUKTUREN

2.1. Grundprinzipien

Nachdem nunmehr viele Begriffe und Voraussetzungen bereitgestellt wurden, kommt es darauf an, sie in einen bestimmten Zusammenhang zu bringen und zu einem arbeitsfähigen Werkzeug zu machen. Dies soll in folgender Weise geschehen.

Wir geben eine Grundmenge A vor und erklären (definieren, betrachten) in ihr gewisse Relationen und Operationen. Dabei sollen diese Relationen und Operationen bestimmte (interessante, häufig vorkommende, erwünschte oder unerwünschte) Eigenschaften besitzen. In der Mathematik werden nunmehr alle Schlußfolgerungen gezogen (alle Ergebnisse gewonnen), die sich aus dem Vorhandensein dieser Eigenschaften ergeben - es wird die Theorie einer bestimmten <u>mathematischen Struktur</u> aufgebaut.

In jedem konkreten Fall hat man dann die Möglichkeit, alle Ergebnisse und Begriffe dieser Theorie zu verwenden, sofern es gelingt, in dem jeweiligen Objektbereich entsprechende Relationen und Operationen nachzuweisen (zu definieren, zu realisieren) und deren Eigenschaften festzustellen.

Die Eigenschaften, die gefordert werden und die die entsprechende mathematische Struktur festlegen, werden häufig als <u>Axiome</u> bezeichnet, die gesamte Vorgehensweise als <u>axiomatische Methode.</u> Jede konkrete Anwendung ist eine <u>Realisierung</u> der entsprechenden Struktur.
Aufgabe eines Technikers, Ingenieurs oder Naturwissenschaftlers wird es im allgemeinen nicht sein, die Theorie mathematischer Strukturen zu entwickeln oder zu bereichern (obwohl dies durchaus der Fall sein kann) - dieses Problem fällt mehr in den Kompetenzbereich der Mathematik. Ihre Aufgabe besteht vielmehr aber immer darin, die Grundlagen für eine <u>mathematische Modellierung</u> ihrer Probleme zu schaffen, indem sie

- die zu betrachtenden Objekte und Erscheinungen (die Grundmenge) genau kennen und definieren,

- auftretende Relationen, Operationen und deren Eigenschaften erkennen, messen, beobachten, quantifizieren,

- zu lösende Probleme exakt formulieren.

Auf dieser Grundlage wird es für sie möglich sein, die Ergebnisse, die ihnen von der Mathematik bereitgestellt werden, sachgemäß anzuwenden, wenn sie in der Lage sind, ihre konkreten Objekte und deren strukturelle, operationelle und funktionelle Zusammenhänge als Konkretisierung einer "abstrakten Struktur" zu sehen, und wenn es ihnen gelingt, die "abstrakt" formulierten Aussagen zu verstehen und in ihren Bereich umzudeuten.

Dieses Bemühen um ein Verständnis "abstrakter Theorien" ist um so wichtiger und erfolgversprechender, je mehr Probleme sich auf das gleiche Grundmodell zurückführen lassen.

Sicherlich sind in diesem komplizierten Wechselspiel zwischen der Mathematik und deren Anwendung in Naturwissenschaft und Technik sehr viele Abstufungen und Zwischenschritte möglich und notwendig, doch soll dieser vereinfachte und vergröberte Gedankengang an dieser Stelle als Leitfaden ausreichen.

Die grundlegende Voraussetzung für eine Mathematisierung der Arbeitsweise von "Mathematikanwendern" und eine Anwendung der Mathematik in einem bestimmten Gebiet bleibt natürlich die Bereitschaft und Aufgeschlossenheit, dies zu wollen, und zwar in zweiseitiger Kooperation.

Es muß Mathematiker geben, die die Anwendungen bestimmter Theorien und deren Ergebnisse betreuen, die Adäquatheit der Mittel und Methoden prüfen und einschätzen sowie neue Möglichkeiten zur Problemlösung suchen. Für sie reicht es im allgemeinen nicht aus, Probleme "aus der Praxis" mathematisch aufbereitet "anzufordern" und die Ergebnisse bereitzustellen; sie müssen den eigentlichen Problembereich möglichst gut kennen, nach Möglichkeit bereits bei der Formulierung der Aufgaben beteiligt sein und schließlich gefundene Lösungen bis zur Anwendung begleiten.

Umgekehrt ist es völlig unzureichend, schwierige Aufgaben eines bestimmten Gebietes mit der Forderung nach "anwendungsbereiten Theorien" an die Mathematiker heranzutragen und Lösungen erst und nur dann zu akzeptieren, wenn sie "hinreichend einfach" sind.

2.2. Äquivalenz- und Ordnungsrelationen

Nach diesen "prinzipiellen" und sicher sehr unvollständigen Anmerkungen zum Wechselverhältnis zwischen der Mathematik und deren Anwendungen wollen wir uns in diesem Abschnitt zwei wichtigen Arten von Relationen zuwenden, den Äquivalenz- und den Ordnungsrelationen.

Definition. Eine Relation R in der Menge A ist eine Äquivalenzrelation genau dann, wenn sie gleichzeitig reflexiv, symmetrisch und transitiv ist (siehe 1.3.).

Häufige Schreib- und Sprechweisen für Äquivalenzrelationen sind etwa

$a \underset{R}{\sim} b$: a äquivalent b bzgl. R,

$a \sim b \bmod R$: a äquivalent b modulo R,

$a \equiv b \bmod R$: a kongruent b modulo R.

Beispiele für Äquivalenzrelationen findet man innerhalb und außerhalb der Mathematik in Hülle und Fülle - wir werden sehen, daß sie sogar und vor allem ein mächtiges Instrument zur Definition neuer Begriffe sind. Wir betrachten dazu zunächst zwei Standardbeispiele.

Beispiel 1. Bezeichnen wir mit G die Menge aller Geraden einer Ebene E, so können wir die Relation der Parallelität betrachten ($g_1, g_2 \in G$):

$$g_1 \parallel g_2 \iff g_1 \text{ ist parallel zu } g_2.$$

Unschwer überlegt man sich, daß gilt:

1. $g_1 \parallel g_1$,

2. $g_1 \parallel g_2 \Longrightarrow g_2 \parallel g_1$,

3. $g_1 \parallel g_2$ und $g_2 \parallel g_3 \Longrightarrow g_1 \parallel g_3$.

Beispiel 2. Ist N die Menge der natürlichen Zahlen und $m \neq 0$ eine feste natürliche Zahl, so kann man jede (natürliche) Zahl durch m dividieren und den Divisionsrest r betrachten. Es gelte:

$a \equiv b \mod m \Longleftrightarrow$ a und b lassen bei Division durch m den gleichen Rest.

Dann prüft man wiederum leicht nach, daß diese Restgleichheit eine Äquivalenzrelation ist.
Zur Veranschaulichung wollen wir etwa m = 5 wählen. Wir stellen beispielsweise fest, daß gilt:

$6 \equiv 11 \mod m$;

6 : 5 = 1 Rest 1, 11 : 5 = 2 Rest 1.

Weitere zu 6 äquivalente (kongruente) Elemente sind etwa 1, 16, 21, 26, 31, ... (stets ist der Divisionsrest gleich 1), während 2, 7, 12, 17, 22 zueinander äquivalent sind, weil sie alle den Divisionsrest 2 ergeben. Die Menge der natürlichen Zahlen wird also in gewisse Teilmengen zerlegt, die wir als Äquivalenzklassen bezeichnen wollen:

Ist $a \in A$, so heißt $[a] = \{x \mid a \sim x\}$ die zu a gehörige Äquivalenzklasse.

Folgende wichtige Eigenschaften folgen aus den Axiomen einer Äquivalenzrelation:

1. Jedes Element $x \in A$ gehört zu genau einer Äquivalenzklasse.
2. Keine Äquivalenzklasse ist leer.
3. Ist $a \sim b$, dann ist $[a] = [b]$.
4. Zwei verschiedene Äquivalenzklassen sind zueinander disjunkt, d. h., sie besitzen keine gemeinsamen Elemente.

5. Ist K die Menge aller Äquivalenzklassen bzgl. einer Äquivalenzrelation, so ist K eine Zerlegung der Menge A, d. h., es gilt:

I. $\emptyset \notin K$;

II. $K_i \cap K_j = \emptyset$ für $i \neq j$;

III. $K_1 \cup K_2 \cup \ldots = A$.

Für unser obiges Beispiel der Division durch 5 erhalten wir die folgenden fünf Äquivalenzklassen, an denen man die angegebenen Eigenschaften überprüfen kann:

$$K_1 = \{0, 5, 10, 15, \ldots\},$$
$$K_2 = \{1, 6, 11, 16, \ldots\},$$
$$K_3 = \{2, 7, 12, 17, \ldots\},$$
$$K_4 = \{3, 8, 13, 18, \ldots\},$$
$$K_5 = \{4, 9, 14, 19, \ldots\}.$$

Jede Äquivalenzrelation R in einer Menge A hat also ein System von Äquivalenzklassen zur Folge, das die Menge A zerlegt. Auch umgangssprachlich wird diese Bezeichnung "Klasse" durchaus verwendet (man denke an die Menge aller Schüler einer Schule und deren Zuordnung zu Klassen und formuliere die entsprechende Äquivalenzrelation!).

Da jede Äquivalenzklasse wenigstens ein Element enthält, kann man aus jeder Äquivalenzklasse einen Repräsentanten auswählen (den "Klassensprecher"). Die Auswahl eines Repräsentanten aus jeder Äquivalenzklasse führt zu einem vollständigen Repräsentantensystem (etwa die Menge $\{0, 1, 2, 3, 4\}$ für obiges Beispiel).

Der Zusammenhang zwischen disjunkten Mengensystemen und Äquivalenzrelationen ist dabei durchaus zweiseitig zu sehen. Ist nämlich $M = \{M_1, M_2, \ldots\}$ ein System von Mengen, in dem gilt:

I. $\emptyset \notin M$,

II. $M_i \cap M_j = \emptyset$ für $i \neq j$,

III. $M_1 \cup M_2 \cup \ldots = A$ für eine bestimmte Menge A, so ist M eine Zerlegung der Menge A, die man sofort zur Definition einer Äquivalenzrelation ausnutzen kann:

$$a \sim b \iff a, b \in M_i \quad \text{für ein } M_i \in M.$$

Man sieht also gewissermaßen die Äquivalenzklassen als gegeben an und definiert die entsprechende Äquivalenzrelation in geeigneter Weise. Ein ganz charakteristisches Aussehen besitzen die Relationengraphen, die zu einer Äquivalenzrelation gehören (siehe Abb. 10).

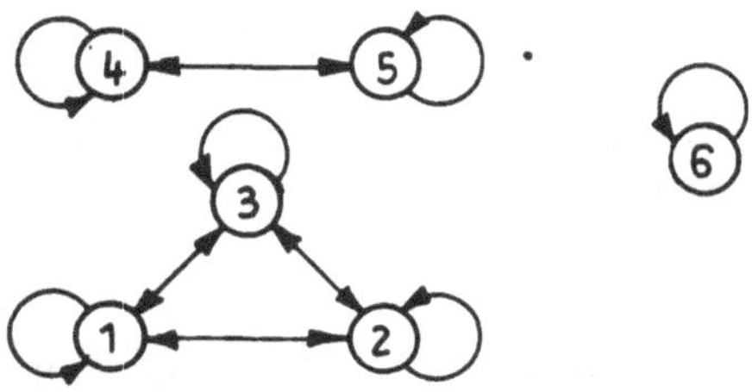

Abb. 10. Der Graph einer Äquivalenzrelation.

Die Knotenmenge des Graphen zerfällt in disjunkte Teilmengen (in unserem Beispiel $G_1 = \{1, 2, 3\}$, $G_2 = \{4, 5\}$, $G_3 = \{6\}$); in jeder Teilmenge sind alle möglichen Kanten vorhanden (vollständiger Teilgraph), und keine Kante führt nach außen. (Die Doppelpfeile stellen zur Vereinfachung zwei Pfeile entgegengesetzter Richtung dar.)

Somit hat man eine ganz anschauliche Vorstellung von Äquivalenzrelationen und kann sie stets hinreichend sachgemäß anwenden.

Grenzfälle unserer Definition sind Zerlegungen, die nur eine Menge (die Menge A selbst) oder nur Einermengen enthalten. Abbildung 11 zeigt die Relationengraphen dieser gröbsten und feinsten Äquivalenzrelation für $A = \{1,2,3,4,5,6\}$.

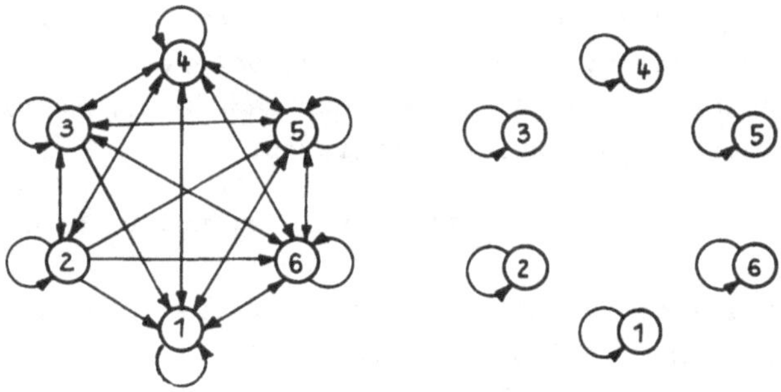

Abb. 11. Die gröbste und die feinste Äquivalenzrelation.

Man sieht also, daß diese drei "einfachen" Axiome einer Äquivalenzrelation "allerhand" Eigenschaften und Begriffe zur Folge haben.
Ersetzt man die Eigenschaft der Symmetrie durch die Antisymmetrie, so gelangt man zu <u>Halbordnungsrelationen.</u>

<u>Definition.</u> Eine Relation R in der Menge A ist eine <u>Halbordnungsrelation</u> genau dann, wenn sie gleichzeitig <u>reflexiv, antisymmetrisch</u> und <u>transitiv</u> ist (siehe 1.3.).

Diese Relationenart bildet die Grundlage der <u>Verbandstheorie</u> und wird über den Begriff der <u>Booleschen Algebra</u> vor allem in der Digitaltechnik angewendet. Wir wollen unsere Überlegungen nicht so weit führen, sondern nur einige wichtige Grundbegriffe und -eigenschaften erwähnen.
Drei Standardbeispiele seien für Halbordnungsrelationen angegeben.

<u>Beispiel 1.</u> Ist $A = \{1,2,3,4,6\}$ und gelte aR_1b genau dann, wenn a ein Teiler von b ist, so ist die so definierte Relation eine Halbordnungsrelation (der Relationengraph ist in Abb. 6 dargestellt).

<u>Beispiel 2.</u> E sei eine Menge, P(E) die zugehörige Potenzmenge. Die Relation $\subseteq$:

$$A\ R_2\ B \iff A \subseteq B$$

ist eine Halbordnungsrelation in P(E).

Beispiel 3. Die übliche $\leq$ -Beziehung ist eine Halbordnungsrelation im Bereich der natürlichen, ganzen oder reellen Zahlen. In der Menge der komplexen Zahlen kann man beispielsweise die folgende Halbordnungsrelation definieren:

$$a_1 + ib_1 \leq a_2 + ib_2 \Longleftrightarrow a_1 \leq a_2 \text{ und } b_1 \leq b_2.$$

Charakteristisch für Halbordnungen ist die Darstellung durch HASSE-Diagramme. In Abbildung 12 ist die Relation $\subseteq$ für $E = \{a,b,c\}$ dargestellt.

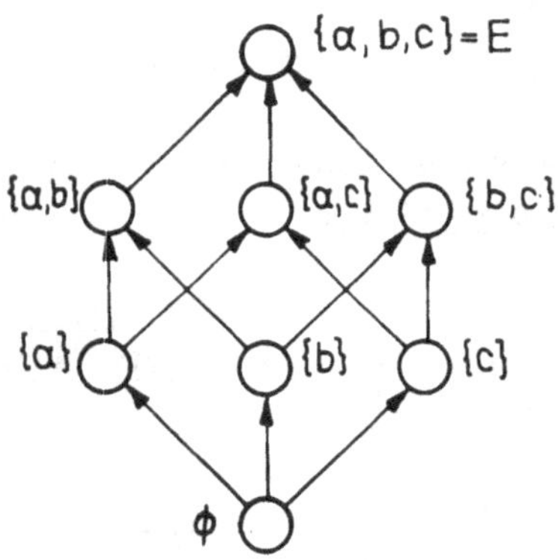

Abb. 12. Die Relation $\subseteq$ in P(E) für $E = \{a,b,c\}$.

Dabei werden zur Erhöhung der Übersichtlichkeit alle reflexiven Schlingen und alle "Transitivitätspfeile" weggelassen: x R y soll also auch gelten, wenn eine Kette von x nach y führt (etwa: $\emptyset \subseteq \{a,b\}$ wird dargestellt durch den Weg $\emptyset \to \{a\} \to \{a,b\}$, und die direkte Kante von $\emptyset$ nach $\{a,b\}$ wird weggelassen). Betrachten wir etwa die beiden Mengen $\{a,b\}$ und $\{a,c\}$, so ist weder $\{a,b\} \subseteq \{a,c\}$ noch $\{a,c\} \subseteq \{a,b\}$; diese beiden Elemente sind bzgl. $\subseteq$ unvergleichbar.

Diese Existenz unvergleichbarer Elemente motiviert den Namen Halbordnung. Betrachten wir die vier Mengen $\emptyset$, $\{a\}$, $\{a,b\}$, $\{a,b,c\}$, so gibt es unter ihnen keine unvergleichbaren Elemente:

$$\emptyset \subseteq \{a\} \subseteq \{a,b\} \subseteq \{a,b,c\} .$$

Sie bilden bzgl. $\leq$ eine <u>Kette.</u> Diese Bezeichnung beschreibt anschaulich die Tatsache, daß man die Elemente einer Kette hintereinander aufreihen kann und daß für zwei Elemente stets feststeht, welches zuerst kommt; die Elemente einer Kette besitzen die Eigenschaft der <u>Linearität,</u> d. h.:

es gilt stets $a \, R \, b$ oder $b \, R \, a$.

Schränkt man die Halbordnungsrelationen durch die Forderung der Linearität für beliebige Elementepaare ein, so erhält man <u>Ordnungsrelationen.</u>

<u>Definition.</u> Eine Relation R in der Menge A ist eine Orndungsrelation genau dann, wenn R eine Halbordnungsrelation ist und das Linearitätsaxiom erfüllt:

R ist <u>linear</u> $\iff$ $x \, R \, y$ oder $y \, R \, x$ für alle $x, y \in A$.

Ordnungsrelationen sind uns natürlich längst vertraut, wenn wir etwa an die "Anordnung" der natürlichen, ganzen oder reellen Zahlen auf dem Zahlenstrahl denken. Für Halbordnungs- bzw. Ordnungsrelationen wollen wir deshalb stets die Bezeichnung $\leq$ verwenden.

Einschränkungen von Halbordnungs- bzw. Ordnungsrelationen sind stets wieder Halbordnungs- bzw. Ordnungsrelationen. Wichtige Beispiele hierfür sind <u>Intervalle,</u> die wir in folgender Weise betrachten wollen:

Ist $(A, \leq)$ eine halbgeordnete Menge und sind $a, b \in A$, so ist die Menge $I = \{x \mid a \leq x \leq b\} = [a,b]$ ein <u>abgeschlossenes Intervall</u> mit den "Randelementen" a und b. Läßt man in I die "Randpunkte" a und b weg, so erhält man das <u>offene Intervall</u> $J = \{x \mid a \leq x \leq b, \, a \neq x, \, b \neq x\} = \,]a,b[$ usw.

2.3. Gruppen, Ringe, Körper

Als Gegenstück zur "Ausstattung" unserer Mengen mit bestimmten Relationen wollen wir nunmehr Strukturen betrachten, die entstehen, wenn in einer Menge eine oder mehrere Operationen er-

klärt sind und für sie bestimmte Eigenschaften festgelegt (gefordert, erkannt) werden.
Die allgemeine mathematische Vorgehensweise besteht darin, daß man zunächst einige wenige, i. a. "schwache" Axiome betrachtet, daraus alle möglichen, z. T. noch sehr allgemeinen Schlußfolgerungen zieht und dann durch ständige Hinzunahme weiterer Forderungen zu "reichhaltigeren" Strukturen aufsteigt. Wir müssen diesen Weg hier natürlich etwas abkürzen und wollen gleich zu den "fertigen" Strukturen vordringen.

Es sei also wiederum A eine Menge, o bezeichne eine Operation in A. Wir betrachten vier Axiome.

1. <u>Assoziativität.</u>

   Für alle $x,y,z \in A$ gilt: $(x \circ y) \circ z = x \circ (y \circ z)$.

2. <u>Existenz eines neutralen Elementes.</u>

   Es existiert ein Element $e \in A$, so daß für jedes $x \in A$ gilt:
   $x \circ e = e \circ x = x$.

3. <u>Existenz eines inversen Elementes.</u>

   Zu jedem Element $x \in A$ existiert ein Element $x^{-1} \in A$, so daß gilt: $x \circ x^{-1} = x^{-1} \circ x = e$.

4. <u>Kommutativität.</u>

   Für alle $x,y \in A$ gilt: $x \circ y = y \circ x$.

Die Axiome 1., 2. und 3. bestimmen die Struktur einer <u>Gruppe</u>, wird Axiom 4 noch hinzugenommen, sprechen wir von einer <u>abelschen Gruppe.</u>

<u>Beispiel 1.</u> Die Menge $\underline{G}$ der ganzen Zahlen bildet bzgl. der Addition eine abelsche Gruppe. Die Zahl 0 ist das neutrale Element; zu jeder Zahl u ist (-u) das inverse Element.

<u>Beispiel 2.</u> Die Menge $\underline{R} \setminus \{0\}$ der reellen Zahlen ungleich 0 bildet bzgl. der Multiplikation eine abelsche Gruppe. Neutrales Element ist hier die 1, invers zu x ist $\frac{1}{x}$.

<u>Beispiel 3.</u> Die Menge der Permutationen einer endlichen Menge M bildet bzgl. des Produktes (der Hintereinanderausführung) eine (nichtabelsche) Gruppe.

In 1.4. hatten wir bereits die 6 Permutationen einer dreielementigen Menge dargestellt. Neutrales Element ist

$$\pi_1 = \begin{pmatrix} a & b & c \\ a & b & c \end{pmatrix}.$$

Inverses Element der Permutation $\begin{pmatrix} a & b & c \\ x_1 & x_2 & x_3 \end{pmatrix}$ ist die Permutation $\begin{pmatrix} x_1 & x_2 & x_3 \\ a & b & c \end{pmatrix}$; also ist beispielsweise für $\pi_4 = \begin{pmatrix} a & b & c \\ b & c & a \end{pmatrix}$

$$\pi_4^{-1} = \begin{pmatrix} b & c & a \\ a & b & c \end{pmatrix} = \begin{pmatrix} a & b & c \\ c & a & b \end{pmatrix} = \pi_5 \text{ usw.}$$

Von grundlegender Bedeutung sind folgende Eigenschaften ((A, o) sei eine Gruppe, a,b seien Elemente von A):

1. $(a \circ b)^{-1} = b^{-1} \circ a^{-1}$.

2. Die Gleichungen

$$a \circ x = b \quad \text{und} \quad y \circ a = b$$

   besitzen genau eine Lösung x und genau eine Lösung y (nämlich $x = a^{-1} \circ b$ und $y = b \circ a^{-1}$). Für eine abelsche Gruppe fallen beide Gleichungen und Lösungen zusammen.

In der Praxis bezeichnet man häufig die zu betrachtende Operation o durch + oder . , <u>ohne</u> daß es sich dabei notwendigerweise um die Addition oder Multiplikation im Sinne der Arithmetik handeln muß. Dennoch sind dafür die Sprechweisen <u>additive</u> und <u>multiplikative Gruppe</u> und die Bezeichnung der Umkehroperation als <u>Subtraktion</u> bzw. <u>Division</u> gebräuchlich (man denke immer an die verschiedenen Zahlenbereiche).
Erfüllt die Einschränkung der Operation o auf die Teilmenge A_1 bereits alle Gruppenaxiome, so ist $(A_1, \circ)$ eine <u>Untergruppe</u> der Gruppe (A, o).

Nunmehr gehen wir über zu einer Menge A mit zwei Operationen + und o und betrachten folgende Axiome:

1. Bezüglich + soll die Menge A eine abelsche Gruppe bilden.
2. Bezüglich . soll die Menge A assoziativ sein.
3. o soll bezüglich + distributiv sein.

Dann erfüllt (A, +, o) die Axiome eines <u>Ringes.</u> Um ein Zurückblättern zu vermeiden, seien die Ringaxiome noch einmal zusammengefaßt, wobei wir hier der Kürze halber die Quantoren

$\exists$ es existiert ein

$\forall$ für jedes

benutzen wollen:

1.	$\forall x \in A \quad \forall y \in A \quad \forall z \in A$:	$(x + y) + z = x + (y + z)$
2.	$\exists e \in A \quad \forall x \in A$:	$x + e = e + x = x$
3.	$\forall x \in A \quad \exists (-x) \in A$:	$x + (-x) = (-x) + x = e$
4.	$\forall x \in A \quad \forall y \in A$:	$x + y = y + x$
5.	$\forall x \in A \quad \forall y \in A \quad \forall z \in A$:	$(x \circ y) \circ z = x \circ (y \circ z)$
6.	$\forall x \in A \quad \forall y \in A \quad \forall z \in A$:	$x \circ (y + z) = (x \circ y) + (x \circ z)$
		$(y + z) \circ x = (y \circ x) + (z \circ x)$.

Das neutrale Element der Gruppe (A, +) heißt <u>Nullelement</u> des Ringes (e = 0).
Der Ring (A, +, o) besitzt ein <u>Einselement,</u> falls Axiom 7 erfüllt ist:

7. $\exists 1 \in A \quad \forall x \in A$: $\qquad x \circ 1 = 1 \circ x = x$.

Schließlich handelt es sich um einen kommutativen Ring (mit oder ohne Einselement), wenn man zu 1. - 6. (1. - 7.) noch Axiom 8 hinzunimmt:

8. $\forall x \in A \quad \forall y \in A$: $\qquad x \circ y = y \circ x$.

Ein Standardbeispiel für einen kommutativen Ring ist die Menge <u>G</u> der ganzen Zahlen mit der üblichen Addition und Subtraktion.
Ein zweites Beispiel wollen wir durch Angabe der Operationstabellen direkt definieren.

+	0	1	2	3	4
0	0	1	2	3	4
1	1	2	3	4	0
2	2	3	4	0	1
3	3	4	0	1	2
4	4	0	1	2	3

o	0	1	2	3	4
0	0	0	0	0	0
1	0	1	2	3	4
2	0	2	4	1	3
3	0	3	1	4	2
4	0	4	3	2	1

Diese Operationstabellen erhält man, indem man die Zahlen 0 bis 4 wie üblich addiert oder multipliziert und das Ergebnis modulo 5 einträgt. Sieht man die Zahlen 0, ..., 4 als Repräsentanten der im vorigen Abschnitt definierten Äquivalenzklassen an, so hat man auf diese Weise Operationen zwischen diesen Klassen definiert. Der entstandene Restklassenring ist eine Faktorstruktur des Ringes der ganzen Zahlen.
Diese Möglichkeit, eine gegebene Struktur (Gruppe, Ring u. a.) über Äquivalenzklassenbildung auf eine neue Struktur abzubilden, werden wir noch häufig antreffen.

Auf einen bereits von G. Boole benutzten Ring wollen wir noch hinweisen, der "kurioserweise" von seinen Nachfolgern "völlig vergessen" und erst in den zwanziger Jahren unseres Jahrhunderts wiederentdeckt wurde.
Man stellt nämlich (mit Hilfe von Tabelle 1 des Anhangs) leicht fest, daß die Potenzmenge einer Menge E mit der symmetrischen Differenz als Addition und dem Durchschnitt als Multiplikation einen (Booleschen) Ring bildet. Analog dazu gilt auch, daß $(P(E), \triangle, \cup)$ ein (Boolescher) Ring ist.

Die Einschränkung eines Ringes auf eine Teilmenge und der damit zusammenhängende Begriff eines Teilringes (oder Unterringes) ist für den Leser an dieser Stelle sicher selbstverständlich.

Kehren wir noch einmal zu unserem Restklassenring zurück und betrachten die Multiplikation auf der Menge $\{1, \ldots, 4\}$. Unschwer kann man feststellen, daß hier eine (multiplikative) Gruppe vorliegt, was ja im allgemeinen nicht sein muß und uns dazu führt, die algebraische Struktur eines Körpers zu definieren.
(A, +, o) ist ein Körper genau dann, wenn die folgenden Axiome erfüllt sind:

1. Bezüglich + soll die Menge A eine abelsche Gruppe bilden.
2. Bezüglich o soll die Menge $A \setminus \{0\}$ eine Gruppe bilden.
3. Ein kommutativer Körper liegt vor, falls o eine kommutative Operation ist.

Also müssen, explizit ausgeschrieben, die folgenden 8 bzw. 9 Axiome erfüllt sein ($A^+ = A \setminus \{0\}$):

1. $\forall x \in A \ \forall y \in A \ \forall z \in A$: $(x + y) + z = x + (y + z)$
2. $\exists 0 \in A \ \forall x \in A$: $x + 0 = 0 + x = x$
3. $\forall x \in A \ \exists (-x) \in A$: $x + (-x) = (-x) + x = 0$
4. $\forall x \in A \ \forall y \in A$: $x + y = y + x$
5. $\forall x \in A \ \forall y \in A \ \forall z \in A$: $(x \circ y) \bullet z = x \circ (y \circ z)$
6. $\exists 1 \in A^+ \ \forall y \in A^+$: $1 \circ y = y \circ 1 = y$
7. $\forall x \in A^+ \ \exists x^{-1} \in A^+$: $x \circ x^{-1} = x^{-1} \circ x = 1$
8. $\forall x \in A \ \forall y \in A \ \forall z \in A$: $x \circ (y + z) = (x \circ y) + (x \circ z)$
   $(y + z) \circ x = (y \circ x) + (z \circ x)$
9. $\forall x \in A \ \forall y \in A$: $x \circ y = y \circ x$.

Die Körper sind sicherlich diejenigen Strukturen, die uns am vertrautesten sind, da große Teile der Arithmetik und der Analysis über den Körpern der reellen und komplexen Zahlen aufgebaut werden.
Große Bedeutung für die Kodierungstheorie besitzen aber auch endliche Körper, die entstehen, wenn Restklassenringe modulo m betrachtet werden und m eine Primzahl ist.
Der Begriff des <u>Teil-</u> oder <u>Unterkörpers</u> sei wiederum den Bemühungen des Lesers überlassen.
Bis zu diesem Punkt haben wir die Strukturen, die sich durch Relationen ergaben, unabhängig von den Strukturen betrachtet, die auf der Grundlage von Operationen entstanden. Der logische Abschluß besteht nun darin, sowohl Relationen als auch Operationen simultan über einer Menge A zu betrachten und die daraus folgenden Strukturen zu untersuchen. Dies führt etwa zu solchen Begriffen wie <u>"geordnete Gruppe"</u>, <u>"halbgeordneter Ring"</u>, <u>"halbgeordneter Körper"</u> usw. usf.
Die Definition aller dieser Strukturen sowie die Angabe einiger wichtiger Eigenschaften oder Beispiele würde aber hier nur ermüdend wirken, ohne daß ein wesentlicher Erkenntnisgewinn zu verzeichnen wäre. Das Grundprinzip besteht immer darin, die

betrachtete Objektmenge mit all den Eigenschaften auszurüsten, die in einem bestimmten Zusammenhang interessant sind, und daraus die entsprechenden Schlußfolgerungen zu ziehen.

2.4. Isomorphismus und Homomorphismus

In den vorangegangenen Abschnitten wurde eine Vielzahl von Begriffen und Strukturen definiert, die, obwohl die prinzipielle Vorgehensweise stets dieselbe war, nicht unbedingt zu einer hinreichend klaren Vorstellung führen müssen, daß sie wirklich zu einer Vereinfachung der Probleme beitragen. Aus diesem Grund wollen wir noch einmal kurz den zurückgelegten Weg diskutieren (siehe Abb. 13) und dann Mittel und Möglichkeiten suchen, verschiedene Strukturen als "wesensgleich" oder "wesensverschieden" zu erkennen.

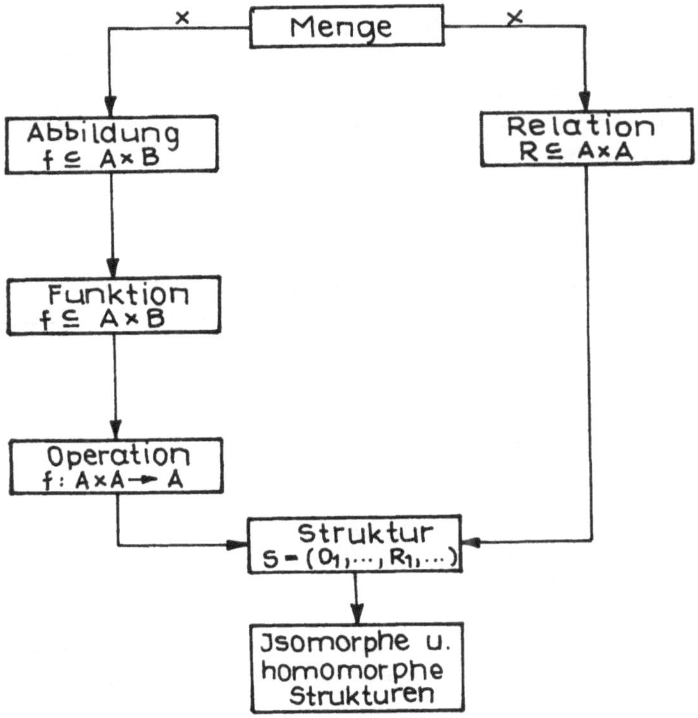

Abb. 13. Konzeption der Vorgehensweise.

Ausgangspunkt ist in jedem Falle eine genau und exakt definierte Menge. Mit Hilfe des Kreuzproduktes definiert man einerseits Abbildungen ("Elementen einer Menge werden Elemente einer anderen Menge zugeordnet"), andererseits Relationen ("zwei Elemente stehen in einer bestimmten Beziehung zueinander"). Funktionen als eindeutige Abbildungen stellen einen wichtigen Zwischenschritt dar und werden zur Definition von Operationen benutzt ("zwei Elemente werden durch eine Operation zu einem Operationsergebnis verknüpft"). Eine Struktur ergibt sich schließlich, wenn in einer Menge bestimmte Operationen und/oder Relationen erklärt sind, die gewisse Eigenschaften besitzen (müssen).
So unterschiedlich nun aber die konkreten Mengen, Operationen und Relationen auch sein können - es gelingt immer wieder (nach entsprechender Formalisierung), Gemeinsamkeiten zu finden, die es auszunutzen gilt, wenn man sich der axiomatischen Methode bedient.

Beginnen wir mit der Betrachtung von Halbordnungsrelationen. $(M, \leq)$ und $(N, \lesssim)$ seien zwei (verschiedene) Mengen, in denen Halbordnungen definiert sind.
Eine Abbildung f ist eine *monoton wachsende Abbildung,* falls die folgende Eigenschaft erfüllt ist:

$$\text{für } x_1 \leq x_2,\ x_1, x_2 \in M \text{ ist } f(x_1) \lesssim f(x_2), f(x_1), f(x_2) \in N.$$

Immer dann, wenn zwei Elemente des Originalbereiches in Relation zueinander stehen, gilt dies auch für die Bildelemente - die Abbildung f ist *relationentreu.*
Als Beispiel kann man sofort bekannte Funktionen verwenden, etwa

$$y = x^2 \text{ für alle } x \geq 0,$$

$$y = x^3 \text{ für alle } x \in R,$$

$$y = +\sqrt{x} \text{ für alle } x \geq 0,$$

$$y = \log x \text{ für alle } x > 0.$$

Stets gilt für $x_1 \leq x_2$ auch $y(x_1) \leq y(x_2)$ - sowohl im Original- wie im Bildbereich wird die $\leq$-Relation für reelle Zahlen verwendet.

Man kann sich leicht überlegen, daß die Hintereinanderausführung monoton wachsender Abbildungen f und g wiederum eine monoton wachsende Abbildung ist:

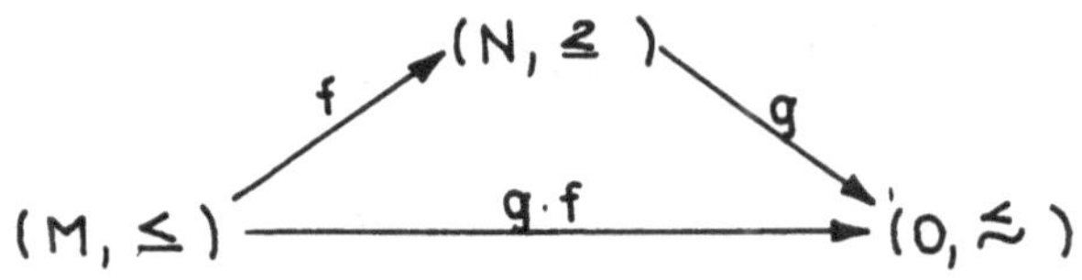

Ist $m_1 \leqslant m_2$, so gilt $f(m_1) = n_1 \lesseqgtr f(m_2) = n_2$, und die Anwendung von g ergibt:

$$g(n_1) = g(f(m_1)) \precsim g(n_2) = g(f(m_2)).$$

Die Halbordnungsrelation $\leqslant$ überträgt sich von M über N hinweg auf O.

Betrachten wir nunmehr eine Operation und formulieren dabei gleich den Begriff der <u>homomorphen Abbildung</u> (des <u>Homomorphismus</u>):

o sei eine Operation in M, $*$ eine Operation in N, und es gelte für eine Abbildung f:

$$\forall m_1 \in M \quad \forall m_2 \in M: f(x_1 \circ x_2) = f(x_1) * f(x_2).$$

Dann ist f eine <u>homomorphe Abbildung.</u>

Die früher vereinbarten Sprechweisen (aus - in, von - auf usw.) bleiben dabei alle weiterhin gültig. Man spricht also ganz sinngemäß von einer <u>homomorphen Abbildung aus M in N</u> oder auch von einem <u>Homomorphismus aus M in N</u> usw.

Worin besteht nun das Wesen dieser Begriffsbildung? Wir betrachten dazu Abbildung 14.

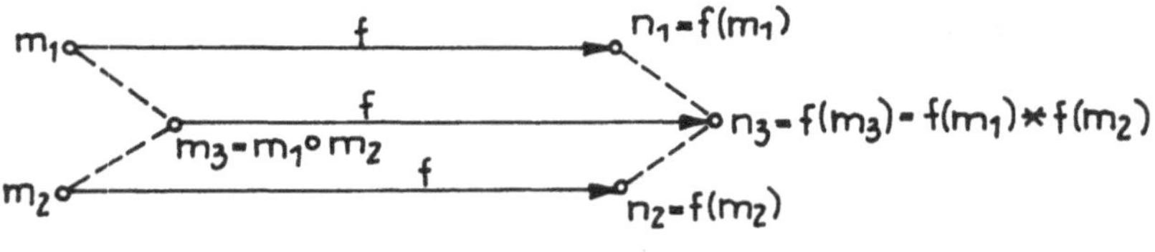

Abb. 14. Das Wesen einer homomorphen Abbildung.

Verknüpft man in der Menge M die Elemente m_1 und m_2, so erhält man das Ergebnis $m_3 = m_1 \circ m_2$. Diese drei Elemente werden durch die Abbildung f in die Menge N abgebildet:

$$n_1 = f(m_1), \quad n_2 = f(m_2), \quad n_3 = f(m_3).$$

Verknüpft man jetzt die Bildelemente n_1 und n_2 durch die Operation $*$, so erhält man gerade das Bildelement n_3 von m_3.
Es ist also gleichgültig, ob <u>man zuerst m_1 und m_2 in M verknüpft und das Operationsergebnis $m_1 \circ m_2$ abbildet oder ob man gleich m_1 und m_2 abbildet und die Verknüpfung $*$ im Bildbereich durchführt</u> - man kommt zum gleichen Ergebnis:

$$f(m_1 \circ m_2) = f(m_1) * f(m_2).$$

Man kann also in gewisser Weise die Ausführung der Operation o von der Menge M als Operation $*$ in die Menge N verlagern.

<u>Beispiel.</u> Ein sehr anschauliches und vertrautes Beispiel ist die Logarithmus-Funktion. Wir betrachten

$$\underline{R}^+ = \{x \mid x \text{ reelle Zahl}, x > 0\}$$

als Menge M und die Multiplikation als Operation o, für N wählen wir die Menge $\underline{R}$ der reellen Zahlen mit der Addition als Operation $*$. Dann gilt bekanntermaßen:

$$\log (x_1 \cdot x_2) = \log x_1 + \log x_2.$$

Man sagt auch, die Struktur ($\underline{R}$, +) ist das homomorphe Bild von ($\underline{R}^+$, .).

Der Sinn dieser homomorphen Abbildung ist natürlich klar: die Addition im Bildbereich läßt sich "leichter" bewerkstelligen als die Multiplikation im Originalbereich.
Dabei ist aber noch notwendig, daß man vom Bildbereich wieder eindeutig in den Originalbereich "zurückkommt". Abbildungen, die dies leisten, müssen erstens homomorph und zweitens eineindeutig sein - sie werden als isomorphe Abbildungen oder einfach als Isomorphismen bezeichnet.

Für Relationen können wir, analog zum bereits behandelten Beispiel der Halbordnung, die Definition von homomorphen bzw. isomorphen Abbildungen nachholen:
Ist R_1 eine Relation in M und R_2 eine Relation in N, so muß für eine homomorphe Abbildung gelten, daß

$$m_1 \; R_1 \; m_2$$

stets

$$f(m_1) \; R_2 \; f(m_2)$$

zur Folge hat.
Für eine isomorphe Abbildung muß wiederum die Eigenschaft der Eineindeutigkeit hinzutreten.

Die gewaltige Bedeutung des Homomorphie- und des Isomorphiebegriffes wird bereits dadurch angedeutet, daß folgende Operations- und Relationseigenschaften bei homomorphen bzw. isomorphen Abbildungen invariant bleiben (d. h., wenn die Operation o oder die Relation R_1 eine bestimmte Eigenschaft besitzt, so besitzt die Operation $*$ bzw. die Relation R_2 die gleiche Eigenschaft):

1. Kommutativität;
2. Assoziativität;
3. das Bild des neutralen Elementes ist wieder das neutrale Element;
4. Umkehrbarkeit.

Damit können wir bereits schlußfolgern, daß das homomorphe (isomorphe) Bild einer Gruppe wieder eine Gruppe ist.

Sind nun in einer Menge M mehrere Operationen O_1, O_2, ... bzw. mehrere Relationen R_1, R_2, ... gegeben, so liegt ein Homomorphismus (Isomorphismus) bzgl. der Menge N vor, wenn in N Operationen $\tilde{O}_1$, $\tilde{O}_2$, ... bzw. Relationen $\tilde{R}_1$, $\tilde{R}_2$, ... erklärt sind und f eine homomorphe bzw. isomorphe Abbildung bzgl. jedes betrachteten Operationen- oder Relationenpaares $O_1 - \tilde{O}_1$, $O_2 - \tilde{O}_2$, ..., $R_1 - \tilde{R}_1$, $R_2 - \tilde{R}_2$, ... ist.

Für die Strukturen (M, +, .) und (N, $\oplus$, $\odot$) muß also dann gelten:

$$f(m_1 + m_2) = f(m_1) \oplus f(m_2),$$

$$f(m_1 \cdot m_2) = f(m_1) \odot f(m_2).$$

Unter Berücksichtigung dieser Erweiterung ist auch die Distributivität gegenüber homomorphen und isomorphen Abbildungen invariant - die Strukturen "Ring" und "Körper" übertragen sich ebenfalls auf den Bildbereich.
Ganz sinngemäß ergibt sich auch, daß das Produkt zweier Homomorphismen bzw. Isomorphismen wiederum ein Homomorphismus bzw. Isomorphismus ist.

Als sehr wichtiges Beispiel wollen wir noch das Verhalten von Äquivalenzrelationen bei homomorphen Abbildungen untersuchen.

Im Abschnitt 2 hatten wir die Restgleichheit von natürlichen Zahlen bzgl. einer Zahl m als Äquivalenzrelation erkannt und dies für m = 5 demonstriert. Dort ergaben sich die Äquivalenzklassen

$$K_1 = \{0, 5, 10, 15, 20, \dots\},$$
$$K_2 = \{1, 6, 11, 16, 21, \dots\},$$
$$K_3 = \{2, 7, 12, 17, 22, \dots\},$$
$$K_4 = \{3, 8, 13, 18, 23, \dots\},$$
$$K_5 = \{4, 9, 14, 19, 24, \dots\}.$$

Gilt jetzt $n_1 \equiv n_2$ und $n_3 \equiv n_4$, so gilt auch

$$n_1 + n_3 \equiv n_2 + n_4$$

und

$$n_1 \cdot n_3 \equiv n_2 \cdot n_4;$$

es ist also etwa

$$1 \equiv 6 \text{ und } 3 \equiv 8;$$

von der Gültigkeit der Beziehungen $4 \equiv 14$ und $3 \equiv 48$ überzeugt man sich ganz unmittelbar.
Nunmehr definiert man eine Abbildung f, indem man jeder natürlichen Zahl n ihre Äquivalenzklasse zuordnet.

Die Operationen $\oplus$ und $\odot$ für die Menge der Äquivalenzklassen erklärt man repräsentantenweise; beispielsweise ist

$$K_2 \oplus K_3 = K_4 \text{ und } K_2 \odot K_3 = K_3,$$

weil etwa $1 \in K_2$, $2 \in K_3$, $1 + 2 = 3 \in K_4$, $1 \cdot 2 = 2 \in K_3$ gilt (vgl. auch Abschnitt 3). Ausführlich gesprochen bedeutet das folgende Schritte:

1. Man möchte zwei Äquivalenzklassen K_i und K_j miteinander verknüpfen.
2. Man wählt in beiden Klassen jeweils ein Element aus: $x_i \in K_i$, $x_j \in K_j$.
   (Beide Äquivalenzklassen enthalten wenigstens ein Element!)
3. Man verknüpft die beiden ausgewählten Elemente: $x_i + x_j = x_k$.
4. Man bestimmt die Äquivalenzklasse K_k, in der x_k liegt und definiert

$$K_i \oplus K_j = K_k.$$

Dabei wird natürlich vorausgesetzt (was auch allgemein bewiesen werden kann), daß das Ergebnis K_k nicht von den konkret gewählten Elementen x_i und x_j abhängt.

Damit hat man in der Faktorstruktur die "gleichen" Operationen wie in der Ausgangsmenge zur Verfügung; man erkennt leicht, daß die Abbildung f eine homomorphe Abbildung auf die Faktormenge ist und bezeichnet diese Abbildung als kanonischen oder auch natürlichen Homomorphismus.
Auch diese sehr typische Vorgehensweise möge sich der Leser wegen ihrer Bedeutung genau klar machen, sie wird ihm oft von Nutzen sein:
In einer Ausgangsmenge mit gewissen Operationen werden die Elemente durch eine Äquivalenzrelation miteinander identifiziert (zu Klassen zusammengefaßt) - anschließend "überträgt" man die Operationen auf diese Klassen, wodurch im allgemeinen die Betrachtungen "wesentlich vereinfacht" werden, die mathematische Struktur aber erhalten bleibt.

Während sich bei einer homomorphen Abbildung wesentliche Eigenschaften in den Bildbereich übertragen lassen, kann man das von der Umkehrabbildung nicht so ohne weiteres behaupten. Dies wird nur von eineindeutigen Homomorphismen (d. h. von Isomorphismen) geleistet:

Ist f ein Isomorphismus von $(M, \circ)$ auf $(N, *)$, so ist f^{-1} ein Isomorphismus von $(N, *)$ auf $(M, \circ)$.

Dadurch wird auch die Invarianz der angeführten Eigenschaften in umgekehrter Richtung gewährleistet.

Somit kann man für die Praxis mit den Begriffen "Homomorphismus" und "Isomorphismus" folgende anschauliche Vorstellungen verbinden:
Homomorphe Abbildungen übertragen wesentliche strukturelle Eigenschaften in den Bildbereich, der im allgemeinen in irgendeiner Weise "einfacher" beschaffen ist. Isomorphe Abbildungen gewährleisten, daß Original- und Bildbereich strukturell völlig gleichwertig sind; sie können im abstrakten Sinn als identisch angesehen werden - sämtliche Eigenschaften können in beiden Richtungen übertragen werden (natürlich nur die aus den jeweiligen Axiomen folgenden). Die Gewinnung von Eigenschaften kann natürlich trotzdem im Original- und im Bildbereich unterschiedlich schwierig sein.

Damit haben wir ein wirksames Mittel in der Hand, um strukturell wesentliche Eigenschaften entdecken, identifizieren, übertragen und anwenden zu können, unabhängig von der konkreten Natur des jeweiligen Objektbereiches.

2.5. Lineare Vektorräume

Nachdem eine Reihe von Strukturen untersucht wurde, deren Grundgedanken vor allem der Arithmetik nahestehen, wollen wir uns nunmehr einigen "geometrisch" orientierten Begriffen zuwenden.

Gegeben sei eine Menge V, deren Elemente v_1, v_2, ... als Vektoren bezeichnet werden sollen. Bezüglich einer im weiteren stets als Addition + bezeichneten Operation sei V eine abelsche Gruppe, d. h., es gelte:

L1. $(v_1 + v_2) + v_3 = v_1 + (v_2 + v_3)$ für alle $v_1, v_2, v_3 \in V$;

L2. $v_1 + 0 = 0 + v_1 = v_1$ für ein $0 \in V$ und alle $v_1 \in V$;

L3. $v_1 + (-v_1) = (-v_1) + v_1 = 0$ für alle $v_1 \in V$;

L4. $v_1 + v_2 = v_2 + v_1$ für alle $v_1, v_2 \in V$.

0 heißt auch der Nullvektor von V, $-v_1$ ist der zu v_1 inverse Vektor.

Weiterhin sei ein Körper K mit den Operationen $\oplus$ und $\odot$ sowie dem Nullelement ω und dem Einselement ε gegeben. Dieser Körper K hängt mit der Vektormenge V über eine Abbildung $f : K \times V \longrightarrow V$ (bezeichnet durch .) in folgender Weise zusammen:

L5. $\varepsilon . v = v$ für alle $v \in V$;

L6. $\alpha . (\beta . v) = (\alpha \odot \beta) . v$ für alle $\alpha, \beta \in K$ und alle $v \in V$;

L7. $\alpha . (v_1 + v_2) = (\alpha . v_1) + (\alpha . v_2)$ für alle $\alpha \in K$ und alle $v_1, v_2 \in V$;

L8. $(\alpha \oplus \beta) . v = (\alpha . v) + (\beta . v)$ für alle $\alpha, \beta \in K$ und alle $v \in V$.

Die Abbildung f ordnet einem Element $\alpha \in K$ und einem Vektor $v \in V$ (dem Paar (α, v)) einen neuen Vektor $\alpha \cdot v$ zu, wobei die Gesetze L5 bis L8 erfüllt sein müssen.
Dann ist V ein <u>linearer Vektorraum</u> über dem Körper K. Fast ausschließlich wird der Körper K in unseren späteren Anwendungen der Körper der komplexen Zahlen sein.

Diese Bezeichnung wird sofort verständlich, wenn wir für V die Menge aller dreidimensionalen Vektoren $\underline{v} = (v_1, v_2, v_3)$ wählen und K mit dem Körper der reellen Zahlen definieren. Die Abbildung f wird hier durch komponentenweise Multiplikation realisiert:

$$\alpha \cdot v = (\alpha \cdot v_1, \alpha \cdot v_2, \alpha \cdot v_3)$$

und ist aus der üblichen Vektorrechnung vertraut.
Damit haben wir auch für die weiteren Überlegungen ein Standardbeispiel zur Hand. Es muß aber betont werden, daß gerade bei linearen Vektorräumen die tatsächlichen Konkretisierungen außerordentlich vielgestaltig sein können - unsere später zu betrachtenden Funktionaltransformationen werden sich alle in linearen Vektorräumen der unterschiedlichsten Gestalt abspielen.

Als weitere Beispiele betrachten wir

1. die Menge V aller n-stelligen Vektoren $v = (v_1, \ldots, v_n)$, wobei die v_i, $i=1, \ldots, n$ reelle oder komplexe Zahlen sind <u>(euklidischer n-dimensionaler Raum)</u>;

2. die Menge V aller unendlichen Folgen $v = (v_1, v_2, \ldots)$, wobei alle v_i, $i=1, 2, \ldots$, reelle oder komplexe Zahlen sind (der Folgenraum l_2).

Als Körper K können wir in beiden Fällen die reellen oder komplexen Zahlen verwenden. Alle Operationen und Abbildungen werden wiederum komponentenweise erklärt:

$$1.\ (u_1, u_2, \ldots, u_n) + (v_1, v_2, \ldots, v_n) = (u_1+v_1, u_2+v_2, \ldots, u_n+v_n)$$

$$\alpha \cdot (u_1, u_2, \ldots, u_n) = (\alpha \cdot u_1, \alpha \cdot u_2, \ldots, \alpha \cdot u_n).$$

$$2.(u_1,u_2,u_3,\dots)+(v_1,v_2,v_3,\dots) = (u_1+v_1,\ u_2+v_2,\ u_3+v_3,\dots)$$

$$\alpha \cdot (u_1,u_2,u_3,\dots) = (\alpha \cdot u_1,\ \alpha \cdot u_2, \alpha \cdot u_3,\dots).$$

Folgende Eigenschaften ergeben sich ganz unmittelbar:

1. $\omega \cdot v = 0$;
2. $\alpha \cdot 0 = 0$;
3. $(-\varepsilon) \cdot x = -x$;
4. $\lambda \cdot (-x) = -(\lambda \cdot x)$;
5. $(-\lambda) \cdot (-x) = \lambda \cdot x$;
6. $(\alpha \ominus \beta) \cdot x = (\alpha \cdot x) - (\beta \cdot x)$;
7. $\alpha \cdot (x - y) = (\alpha \cdot x) - (\alpha \cdot y)$;
8. $\lambda \cdot x = 0 \Longleftrightarrow \lambda = \omega$ oder $x = 0$.

Der Leser übe sich darin, den Nullvektor $0 \in V$ und das Nullelement $\omega \in K$ auseinanderzuhalten. Desgleichen ist zu unterscheiden zwischen der Subtraktion in K $(\alpha \ominus \beta)$ und der Subtraktion in V $[(\alpha \cdot x) - (\beta \cdot x)]$ usw.
Ohne Schwierigkeiten wird es möglich sein, die Operationen auseinanderzuhalten, so daß es nur zu unanschaulichen Ausdrücken führen würde, wenn alle Operationen gesondert bezeichnet werden würden.

Schließlich seien noch zwei wichtige Regularitätseigenschaften erwähnt:

9. $[v \neq 0$ und $\alpha \cdot v = \beta \cdot v] \Longrightarrow \alpha = \beta$;
10. $[\alpha \neq \omega$ und $\alpha \cdot x = \alpha \cdot y] \Longrightarrow x = y$.

Man kann also in einem linearen Vektorraum "ganz normal" rechnen. Die Veranschaulichung der Elemente in den bekannten zwei- oder dreidimensionalen Räumen wird stets zum besseren Verständnis der Begriffsbildungen beitragen.
Homomorphe bzw. isomorphe Abbildungen linearer Vektorräume werden ganz sinngemäß definiert unter Berücksichtigung der Übertragbarkeit aller Axiome.

Sind $v_1, v_2, \ldots, v_n$ Vektoren des (linearen Vektor-) Raumes V, so sind diese Vektoren linear unabhängig, wenn sich die Gleichung

$$\alpha_1 v_1 + \alpha_2 v_2 + \ldots + \alpha_n v_n = 0$$

nur für $\alpha_1 = \alpha_2 = \ldots = \alpha_n = \omega$ erfüllen läßt; anderenfalls heißen sie linear abhängig.

Die Elemente v und -v eines Vektorraumes sind stets linear abhängig:

$$1 \cdot v + 1 \cdot (-v) = 0.$$

Ist $v_1, v_2, \ldots$ ein unendliches System von Vektoren, so heißt dieses System linear unabhängig, falls jeweils n verschiedene Elemente für beliebiges n linear unabhängig sind.

Liegt ein (endliches oder unendliches) System $v_1, v_2, \ldots$ linear unabhängiger Vektoren vor und kann man jeden Vektor $v \in V$ in der Form

$$v = \alpha_1 v_1 + \alpha_2 v_2 + \ldots$$

darstellen, so ist das System $v_1, v_2, \ldots$ eine Basis des Raumes V. In einem solchen Falle kann man jedem Vektor $v \in V$ den (endlichen oder unendlichen) Vektor $(\alpha_1, \alpha_2, \ldots)$ eineindeutig zuordnen.
Ein Raum mit endlicher Basis heißt endlich-dimensional.

Beispiel. Für die Vektoren einer Ebene bilden die beiden Vektoren $b_1 = (1, 0)$ und $b_2 = (0, 1)$ eine Basis. Für die Vektoren des dreidimensionalen Raumes kann man eine Basis finden, die aus den drei Vektoren $b_1 = (1, 0, 0)$, $b_2 = (0, 1, 0)$ und $b_3 = (0, 0, 1)$ besteht. Schließlich kann man für den Raum der n-stelligen Vektoren die Basis $b_1 = (1, 0, \ldots, 0)$, $b_2 = (0, 1, \ldots, 0)$, ..., $b_n = (0, 0, \ldots, 1)$ verwenden.

Zur Motivierung des nächsten Raumtyps wenden wir uns noch einmal der Geometrie der Ebene zu (siehe Abb. 15).

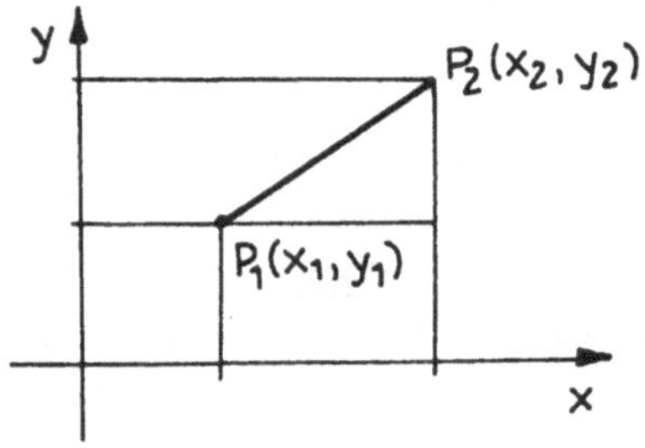

Abb. 15. Der euklidische Abstand in der Ebene.

Sind dort zwei Punkte P_1 (x_1, y_1) und P_2 (x_2, y_2) gegeben, so erhält man die Länge der Strecke $\overline{P_1 P_2}$ in folgender Weise:

$$d = \overline{P_1 P_2} = \sqrt{(x_1 - x_2)^2 + (y_1 - y_2)^2} .$$

Führt man derartige Berechnungen häufiger durch, so erkennt man, daß der Abstand zweier Punkte d (P_1, P_2) folgende Eigenschaften besitzt:

1. $d\,(P_1, P_2) \geqslant 0$; $d\,(P_1, P_1) = 0$;
   falls $d(P_1, P_2) = 0$ gilt, so ist $P_1 = P_2$.

2. $d(P_1, P_2) = d(P_2, P_1)$.

3. $d(P_1, P_2) \leqslant d(P_1, P_3) + d(P_3, P_2)$.
   (Dreiecksungleichung)

Die dritte Eigenschaft besagt, daß die "direkte" Entfernung zweier Punkte stets kleiner ist als ein "Umweg" über den Punkt P_3 (es sei denn, P_3 liegt "zwischen" P_1 und P_2).

Die allgemeine Formulierung dieser Eigenschaften führt zum Begriff des <u>metrischen Raumes:</u>

Ist M eine beliebige Menge und d eine Funktion von M x M in R mit den obigen Eigenschaften 1., 2. und 3., so ist M ein metrischer Raum mit dem Abstandsmaß d (mit der Metrik d).

Nun sind nur noch wenige Begriffe zu erklären, und wir können uns der allgemeinen Untersuchung von Funktionaltransformationen zuwenden.
Eng verwandt mit metrischen Räumen sind normierte Räume:
Ein linearer Vektorraum V ist ein normierter Raum, wenn jedem Element $v \in V$ eine reelle Zahl $\|v\|$, die Norm des Vektors v, zugeordnet werden kann, wobei folgende Axiome gelten müssen:

1. $\|x\| \geq 0$, nur für $x = 0$ ist $\|x\| = 0$.
2. $\|\lambda x\| = |\lambda| \cdot \|x\|$, λ reelle oder komplexe Zahl.
3. $\|x + y\| \leq \|x\| + \|y\|$ (Dreiecksungleichung).

Dabei bedeutet $|\lambda|$ den absoluten Betrag der reellen oder komplexen Zahl λ; unter $\|x\|$ stelle man sich anschaulich die "Länge" des Vektors x vor.

Durch die Festsetzung

$$d(x, y) = \|x - y\|$$

kann man in jedem normierten Raum sofort eine Metrik definieren.

Also ist im n-dimensionalen (euklidischen) Vektorraum durch

$$\|x\| = \sqrt{x_1^2 + \ldots + x_n{}^2}$$

für $x = (x_1, \ldots, x_n)$ eine Norm definiert, und die daraus resultierende Metrik

$$\|x - y\| = \sqrt{(x_1 - y_1)^2 + \ldots + (x_n - y_n)^2}$$

fällt mit dem bekannten euklidischen Abstand zusammen.

Der letzte jetzt noch fehlende Grundbegriff ist das sogenannte Skalarprodukt. Sind etwa (x_1, y_1) und (x_2, y_2) zwei Vektoren der Ebene, so heißt

$$(x, y) = x_1 \cdot x_2 + y_1 \cdot y_2$$

das Skalarprodukt der beiden Vektoren x und y. Seine geometrische Bedeutung besteht darin, daß (x, y) genau dann gleich Null ist, wenn x und y zueinander orthogonal sind.

Die Ausstattung eines linearen Vektorraumes H mit einem Skalarprodukt führt uns schließlich zum Hilbert-Raum:
Ein linearer Vektorraum H heißt Hilbert-Raum, falls jedem Vektorpaar $x, y \in H$ eine komplexe Zahl (x, y) zugeordnet werden kann, wobei folgende Axiome erfüllt sein müssen:

1. $(x, y) = \overline{(y, x)}$;
2. $(x_1 + x_2, y) = (x_1, y) + (x_2, y)$;
3. $(\lambda x, y) = \lambda \cdot (x, y)$ für beliebiges λ ;
4. $(x, x) \geq 0$; nur für $x = 0$ ist $(x, x) = 0$.

(x, y) ist das Skalarprodukt der Elemente x und y; $\overline{(y, x)}$ ist die konjugiert-komplexe Zahl von (y, x); durch $\|x\| = \sqrt{(x, x)}$ läßt sich in jedem Hilbert-Raum eine Norm einführen.
Elemente x, y mit $(x, y) = 0$ heißen zueinander orthogonal.

3. DER HILBERT-RAUM

3.1. Grundbegriffe und Eigenschaften

Da sich viele unserer Überlegungen von nun an im Hilbert-Raum abspielen werden, wenden wir uns seiner ausführlicheren Untersuchung zu, wobei wir nach wie vor den abstrakten Weg beibehalten werden, um dann wesentliche Anwendungsgebiete "en bloc" zu erledigen.

Anschaulich gesprochen, können wir uns einen Hilbert-Raum als linearen Vektorraum vorstellen, in dem

- jeder Vektor x eine "Länge" $\|x\|$ besitzt,
- für zwei Vektoren x und y ein Abstand $d(x, y) = \|x - y\|$ definiert ist,
- Vektoren zueinander orthogonal sein können (falls das Skalarprodukt $(x, y) = 0$ ist).

Dabei sind Skalarprodukt und Norm noch miteinander verkoppelt durch $\|x\| = \sqrt{(x, x)}$.
Ein Hilbert-Raum ist also immer auch ein normierter und ein metrischer Raum. Die Theorie dieser beiden Räume wollen wir aber nicht gesondert darstellen, weil uns der direkte Zugriff zu den Eigenschaften des Hilbert-Raumes ausreicht.

Wir fügen unseren bisherigen Eigenschaften noch zwei weitere Axiome hinzu:

1. Der von uns zu betrachtende Hilbert-Raum H soll für jedes n genau <u>n linear unabhängige Elemente</u> besitzen.
2. H soll ein <u>vollständiger</u> Raum sein.
3. Der Raum H soll <u>separabel</u> sein.

Das erste Axiom bezieht sich auf den Fall eines "unendlich-dimensionalen" Raumes und gewährleistet die Existenz von "genügend vielen" linear unabhängigen Elementen. Den endlich-dimensionalen Fall betrachten wir als Spezialfall; dort existieren für

ein bestimmtes n stets k linear unabhängige Elemente für alle $k \leq n$.
Zur Erläuterung der Axiome 2 und 3 benötigen wir vorbereitend einige weitere Eigenschaften.

Es gilt:

$$|(x, y)| \leq \|x\| \cdot \|y\| \quad \text{(Schwarzsche Ungleichung)},$$

$$\|x - y\| \geq \|x\| - \|y\|,$$

$$\|x - y\| \leq \|x - z\| + \|z - y\| .$$

Sind zwei Folgen $\{x_n\}$, $n = 1,2,\ldots$ und $\{y_n\}$, $n = 1,2,\ldots$ gegeben und gilt für zwei Elemente x_o, $y_o \in H$, daß für $n \to \infty$

$$\|x_n - x_o\| \to 0 \quad \text{und} \quad \|y_n - y_o\| \to 0$$

streben, so konvergieren die Folgen $\{x_n\}$ und $\{y_n\}$ stark gegen x_o und y_o. In diesem Fall konvergiert die Folge der Skalarprodukte (x_n, y_n) gegen (x_o, y_o).

Gilt für die Folge $\{x_n\}$ die Beziehung $\|x_n - x_m\| \to 0$ für $n, m \to \infty$, so konvergiert die Folge in sich. Das bedeutet, daß mit wachsendem n die Elemente der Folge einen immer geringeren Abstand voneinander besitzen. In einem solchen Fall soll ein x_o mit $x_n \to x_o$ existieren; jede in sich konvergente Folge soll einen Grenzwert besitzen. Das ist gerade die Aussage des 2. Axioms.

Nunmehr wollen wir die Eigenschaft der Orthogonalität betrachten. Die Elemente $x_1, \ldots, x_m$ seien paarweise orthogonal zueinander: $(x_i, x_j) = 0$ für $i \neq j$. Dann gilt für sie der Satz des Pythagoras:

$$\|x_1 + x_2 + \ldots + x_m\|^2 = \|x_1\|^2 + \ldots + \|x_m\|^2 .$$

Es sei erinnert, daß dieser Satz für rechtwinklige Dreiecke jedem Leser wohlbekannt ist. Die hier angegebene Formulierung ist eine sachgemäße Verallgemeinerung dieses Sachverhaltes.

Gegeben sei eine Folge von Elementen $x_1, x_2, x_3, \ldots$. Diese Elemente bilden ein normiertes Orthogonalsystem (ein Orthonormalsystem oder ein orthonormiertes System), falls gilt:

$$(x_i, x_j) = \begin{cases} 0 \text{ für } i \neq j , \\ 1 \text{ für } i = j . \end{cases}$$

Ist $x_1, x_2, \ldots$ eine Folge von Elementen, so können wir die unendliche Reihe $x_1 + x_2 + x_3 + \ldots$ betrachten, die dann konvergent heißen soll, wenn die n-ten Partialsummen $S_n = x_1 + x_2 + x_3 + \ldots + x_n$ gegen ein Element x konvergieren, d. h., wenn $\| x - S_n \| \to 0$ geht für $n \to \infty$.
Sind jetzt die Glieder der Reihe alle paarweise orthogonal zueinander, so konvergiert die Reihe $x_1 + x_2 + \ldots$ gegen x genau dann, wenn die Reihe

$$\sum_{k=1}^{\infty} \| x_k \|^2$$

konvergent ist (im Sinne der Konvergenz einer Reihe im Bereich der reellen Zahlen).
Bildet die Folge $x_1, x_2, \ldots$ ein Orthonormalsystem, so können wir die Reihe

$$\sum_{k=1}^{\infty} a_k x_k$$

betrachten, die genau dann konvergiert, wenn $\sum\limits_{k=1} \| a_k x_k \|^2$

konvergiert; nun ist aber $\| a_k x_k \| = | a_k | \cdot \| x_k \|$ und $\| x_k \| = 1$, also muß die Reihe

$$\sum_{k=1}^{\infty} a_k^{\;2}$$

konvergent sein.
Wir wählen speziell die Koeffizienten a_k in folgender Weise:

$$a_k = (x, x_k)$$

für ein Element $x \in H$. a_k ist der k-te Fourier-Koeffizient des Elementes x bzgl. des Orthonormalsystems $x_1, x_2, \ldots$. Die Reihe

$$\sum_{k=1}^{\infty} a_k x_k = \sum_{k=1}^{\infty} (x, x_k) x_k$$

ist die Fourier-Reihe des Elementes x. Diese Fourier-Reihe konvergiert genau dann gegen das Element x, wenn gilt:

$$\sum_{k=1}^{\infty} |a_k|^2 = \sum_{k=1}^{\infty} |(x, x_k)|^2 = \|x\|^2$$

(Parsevalsche Gleichung)

Um ein Element x in eine Fourier-Reihe zu entwickeln, benötigen wir also ein (beliebiges) Orthonormalsystem und bestimmen die Fourier-Koeffizienten mit Hilfe des Skalarproduktes.

Wir werden später sehen, daß völlig unterschiedliche Orthonormalsysteme und Skalarprodukte verwendet werden können und die dem Techniker vor allem bekannte Fourier-Transformation mit Sinus- und Kosinus-Funktionen nur ein Spezialfall ist.
Für ein beliebiges Orthonormalsystem ist aber die Gültigkeit der Parsevalschen Gleichung nicht so ohne weiteres gegeben. Es gilt vielmehr nur:

$$\sum_{k=1}^{\infty} |a_k|^2 \leq \|x\|^2 \qquad \text{für } a_k = (x, x_n)$$

(Besselsche Ungleichung)

Deshalb bezeichnen wir ein Orthonormalsystem $x_1, x_2, \ldots$ als vollständig, wenn für jedes $x \in H$ die Parsevalsche Gleichung gilt. Für ein solches System kann also jedes Element $x \in H$ in eine (in seine) Fourier-Reihe entwickelt werden.
Außer dem Nullelement $0 \in H$ gibt es kein weiteres Element in H, das zu allen x_k orthogonal ist.

Sind in diesem Falle x und y zwei Elemente mit den Fourier-Koeffizienten

$$a_k = (x, x_k) \quad \text{und} \quad b_k = (y, x_k), \ k = 1, 2, \ldots,$$

so gilt auch die <u>verallgemeinerte Parsevalsche Gleichung:</u>

$$(x, y) = \sum_{k=1}^{\infty} a_k \cdot \overline{b_k}.$$

Das dritte Axiom, dessen Bedeutung noch aussteht (die Forderung der Separabilität), bedeutet gerade die Existenz eines <u>vollständigen Orthonormalsystems mit höchstens abzählbar vielen Elementen.</u> Wir werden im weiteren nur solche Orthonormalsysteme betrachten.

Wir können also mit der Existenz eines vollständigen Orthonormalsystems mit abzählbar vielen Elementen folgende anschauliche Vorstellung verbinden:

Jedem Element x kann eineindeutig eine Folge von Fourier-Koeffizienten a_1, a_2, a_3, ... zugeordnet werden, so daß für x eine Reihenentwicklung

$$x = \sum_{k=1}^{\infty} a_k x_k$$

existiert und die Reihe, die sich aus den Quadraten der Fourier-Koeffizienten bilden läßt, konvergiert:

$$\sum_{k=1}^{\infty} a_k^2 < \infty .$$

Anders gesprochen, die Existenz eines vollständigen Orthonormalsystems gibt uns die Möglichkeit, den jeweils untersuchten Raum H in den Raum l_2 abzubilden.
Damit haben wir bereits eine breite Palette von Funktionaltransformationen konzipiert, da wir später sehen werden, daß sehr viele solche Orthonormalsysteme zur Verfügung stehen.

3.2. Lineare Operatoren und Funktionale

Die Einführung von Operatoren und Funktionalen bedeutet eigentlich nur eine neue Sprechweise für Dinge, die uns bereits bekannt sind. Da sie aber im Sprachgebrauch der Mathematik weit verbreitet sind, wollen wir sie hier auch erklären und verwenden.

Ein Operator A über dem (Hilbert-)Raum H ist eine Funktion von H in einen (Hilbert-)Raum H'.

Es wird also jedem $x \in H$ ein $x' \in H'$ zugeordnet, wobei man sich häufig der Schreibweise

$$x' = Ax$$

bedient.

Damit bleiben alle Begriffe, die wir für Abbildungen und Funktionen definiert hatten, unverändert gültig (man denke etwa an den Definitions- oder Wertebereich, die Einschränkung oder Erweiterung eines Operators oder den inversen Operator).
Auch der Spezialfall H' = H ist sinnvoll und wichtig.

Der Operator A heißt distributiv, falls für Elemente $x_i \in H$ und beliebige Zahlen c_k gilt:

$$A(c_1x_1 + \dots + c_nx_n) = c_1 Ax_1 + \dots c_nAx_n.$$

Man rufe sich in Erinnerung zurück, daß auf der linken Seite die "Addition" in H, rechts aber die "Addition" in H'gemeint ist.
Ein distributiver Operator A heißt beschränkt, falls für jedes $x \in H$ und eine bestimmte positive Zahl c gilt:

$$\| Ax \| \leq c \cdot \| x \| .$$

$\| Ax \|$ ist natürlich die Norm in H', während $\| x \|$ die Norm in H ist.
Das kleinste derartige c, daß diese Bedingung erfüllt, wird als Norm des Operators A bezeichnet (Schreibweise: $\| A \|$).

Ein distributiver und beschränkter Operator ist ein <u>linearer Operator.</u>

Betrachten wir jetzt ein festes $y \in H$; alle Skalarprodukte (Ax, y) für beliebige $x \in H$ lassen sich darstellen in der Form (x, y^*) für ein festes y^*. Das bedeutet aber, daß einem festen $y \in H$ ein bestimmtes $y^* \in H$ zugeordnet ist. Damit liegt wieder eine Abbildungsvorschrift - ein Operator - vor, der zu A <u>adjungierte</u> Operator A^*, der die gleiche Norm wie A besitzt. Ist $A^* = A$, so handelt es sich um einen <u>selbstadjungierten</u> Operator. Für ihn gilt also

$$(Ax, y) = (x, Ay).$$

Dieser Fall liegt genau dann vor, wenn (Ax, x) für alle $x \in H$ reell ist.
Die wesentlichste Problemstellung bei der Anwendung von Operatoren in der Analysis besteht im Lösen von Gleichungen der Art

$$Ax = \lambda x \quad \text{bzw.} \quad (A - \lambda E)\, x = 0$$

bzw. der Art

$$(A - \lambda E)\, x = y$$

mit gegebenem y, gesuchtem x und dem Parameter λ. E bezeichnet den Einsoperator: $Ex = x$ für alle x.
Ein Wert von λ, für den die homogene Gleichung von Null verschiedene Lösungen hat, heißt <u>Eigenwert des Operators A;</u> vom Nullelement verschiedene Lösungen heißen die zu diesem Eigenwert gehörenden <u>Eigenelemente.</u> Diese Eigenelemente bilden eine mögliche Grundlage für Orthonormalsysteme.
Die Menge der zu einem Eigenwert λ gehörenden Eigenelemente bildet nämlich einen Unterraum, in dem endlich oder unendlich viele linear unabhängige Elemente liegen können - der Eigenwert λ besitzt einen <u>endlichen</u> oder <u>unendlichen Rang.</u>

Die Eigenwerte eines selbstadjungierten Operaturs sind reell, und die zu verschiedenen Eigenwerten gehörenden Eigenelemente sind orthogonal zueinander.

Um auf ein orthogonales System von (Eigen-)Elementen zu kommen, muß man also noch die zu einem Eigenwert gehörenden Elemente orthogonalisieren (und eventuell gleich normieren).
Das geschieht mit Hilfe des folgenden charakteristischen Orthogonalisierungsverfahrens.

Wir betrachten die Folge von Elementen z_1, z_2, z_3, ... und normieren das Element z_1:

$$x_1 = \frac{z_1}{\|z_1\|} .$$

Mit Hilfe des ersten Elementes z_i, das von x_1 linear unabhängig ist, bilden wir ein Element y_2 wie folgt:

$$y_2 = z_i - (z_i, x_1)\, x_1;$$

dessen Normierung führt zu x_2: $x_2 = \frac{y_2}{\|y_2\|}$.

Das nächste Element z_j, das von x_1 und x_2 linear unabhängig ist, verwenden wir für die Konstruktion des dritten Elementes:

$$y_3 = z_j - (z_j,x_1)\, x_1 - (z_j,x_2)\, x_2, \quad x_3 = \frac{y_3}{\|y_3\|} .$$

Auf diese Weise gelingt es, alle Eigenelemente eines Eigenwertes zu orthogonalisieren und gleichzeitig noch zu normieren.
Selbstverständlich ist diese Vorgehensweise nicht nur auf Eigenelemente von Eigenwerten beschränkt, sondern kann auf beliebige Systeme von linear unabhängigen Elementen angewandt werden.

Abschließend wollen wir uns noch überlegen, daß der Raum l_2 aller unendlichen Folgen von komplexen Zahlen eine gewisse Standardrolle spielt.
Genauer gesagt betrachten wir Folgen $a = (a_1, a_2, \ldots)$, die der Bedingung

$$\sum_{k=1}^{\infty} |a_k|^2 < \infty$$

genügen, für die also die Reihe der Quadrate der Absolutbeträge konvergiert.

In einem beliebigen Hilbert-Raum mit einem vollständigen Orthonormalsystem $z_1, z_2, \ldots$ ist jedes $x \in H$ durch seine Fourier-Koeffizienten $(x, z_k) = a_k$ bestimmt, und es gilt:

$$x = \sum_{k=1}^{\infty} a_k z_k \quad \text{sowie} \quad \sum_{k=1}^{\infty} |a_k|^2 < \infty .$$

Man kann also jedem $x \in H$ einen Vektor $a \in l_2$ zuordnen.

Ist umgekehrt ein $a \in l_2$ gegeben, so kann man ihm dasjenige x zuordnen, für das

$$x = \sum_{k=1}^{\infty} a_k z_k$$

gilt.

Das Skalarprodukt (x, y) in H wird in l_2 wie folgt definiert:

$$x = \sum_{k=1}^{\infty} a_k z_k, \qquad y = \sum_{k=1}^{\infty} b_k z_k ,$$

$$(x, y) = \sum_{k=1}^{\infty} a_k \overline{b_k} .$$

Damit sind H und l_2 isomorph zueinander. Die Elemente $z_1, z_2, \ldots$ des Orthonormalsystems werden auf die Vektoren mit genau einer Eins abgebildet, die in l_2 ein vollständiges Orthonormalsystem bilden:

$$z_1 \longrightarrow (1, 0, 0, \ldots), \quad z_2 \longrightarrow (0, 1, 0, \ldots) \text{ usw.}$$

Sei A nun ein linearer Operator in H, und es sei $y = Ax$.
x ersetzen wir durch seine Fourier-Reihe, ebenso y:

$$x = \sum_{k=1}^{\infty} a_k z_k, \quad y = \sum_{k=1}^{\infty} b_k z_k .$$

Die Anwendung des Operators A führt zu

$$y = Ax = \sum_{k=1}^{\infty} a_k \, Az_k ,$$

und für die Fourier-Koeffizienten b_i gilt damit einerseits

$$b_i = (y, z_i),$$

andererseits

$$b_i = \sum_{k=1}^{\infty} a_k (Az_k, z_i).$$

Bezeichnet man das Skalarprodukt (Az_k, z_i) durch t_{ik}, so stellt sich der Operator A, der im Raum H eine Abbildung des Elementes x auf das Element y bewirkte, im Raum l_2 als unendliche Matrix $T = (t_{ik})$, $i = 1, 2, \ldots$, $k = 1, 2, \ldots$, dar, mit deren Hilfe die Fourier-Koeffizienten von x, die a_k, in die Fourier-Koeffizienten von y, die b_i, transformiert werden:

$$b_i = \sum_{k=1}^{\infty} t_{ik} \, a_k, \qquad i = 1, 2, \ldots,$$

Man wählt beispielsweise die folgende Anordnung:

$$\begin{array}{llll}
t_{11} = (Az_1, z_1) & t_{12} = (Az_2, z_1) & t_{13} = (Az_3, z_1) & \ldots \\
t_{21} = (Az_1, z_2) & t_{22} = (Az_2, z_2) & t_{32} = (Az_3, z_2) & \ldots \\
t_{31} = (Az_1, z_3) & t_{32} = (Az_2, z_3) & t_{33} = (Az_3, z_3) & \ldots \\
\vdots & & &
\end{array}$$

Wir sehen an dieser Stelle wiederum sehr schön, wie die verschiedenen Abbildungsvorschriften zusammenspielen:

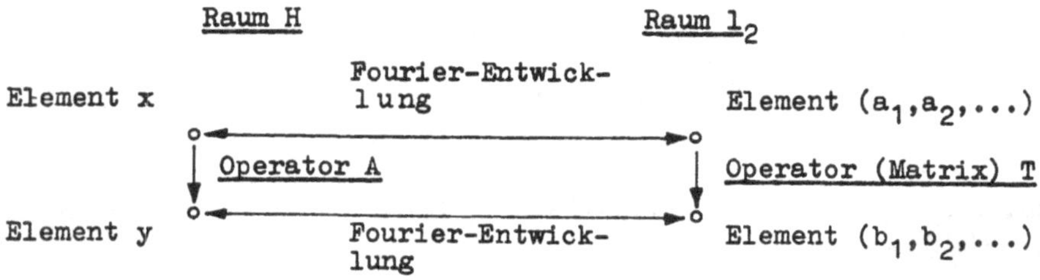

Diese Transformationsmatrix T in l_2 ermöglicht es, auf einfache Weise den adjungierten Operator A^* zu charakterisieren. Ihm entspricht die Matrix $T^* = (t^*_{ik})$ mit

$$t^*_{ik} = \overline{t_{ki}} \; .$$

Man muß also die Matrix T lediglich transponieren und dabei stets zum konjugiert-komplexen Wert übergehen. Für einen selbstadjungierten Operator muß selbstverständlich

$$a_{ki} = \overline{a_{ik}}$$

gelten.

Nachdem wir die abstrakten Überlegungen bis zu diesem Punkt geführt haben, wollen wir den Sinn und die Anwendung des Begriffssystems des Hilbert-Raumes an einigen Beispielen demonstrieren.

C sei die Menge aller reellen Funktionen, die in dem abgeschlossenen Intervall $a \leq x \leq b = [a, b]$ stetig sind. Addition und Multiplikation reeller Funktionen sind in der üblichen Weise auszuführen, ebenso die Multiplikation von Funktionen mit reellen Zahlen, womit die Axiome des linearen Vektorraumes erfüllt sind. Man definiert weiterhin:

1. Skalarprodukt: $(f, g) = \int_a^b f(x)\, g(x)\, dx.$

2. Norm: $\|f\| = \sqrt{(f, f)} = \sqrt{\int_a^b f(x)^2\, dx}.$

Mit diesen beiden Definitionen lassen sich alle Axiome des Hilbert-Raumes erfüllen. Wir werden später sehen, daß man sehr rasch wichtige Ergebnisse erhält.

Für den gleichen Funktionenraum definiert man einen Integraloperator A in folgender Weise:

$$h(x) = A\, f(x) = \int_a^b K(x,\, t)\, f(t)\, dt.$$

Dabei soll K(x,t) ebenfalls eine stetige, fest vorgegebene Funktion sein.

Aus den Gesetzen der Integralrechnung ergibt sich, daß es sich um einen linearen Operator handelt.
Das Skalarprodukt (Af,g) wird nun zu einem Doppelintegral:

$$(Af,g) = \int_a^b \Big[\int_a^b K(x,t)\, f(t)\, dt\Big]\, g(x)\, dx.$$

Durch Umkehrung der Integrationsreihenfolge erhält man

$$(Af,g) = \int_a^b \Big[\int_a^b K(x,t)\, g(x)\, dx\Big]\, f(t)\, dt.$$

Mit der Definition

$$A^* g = \int_a^b K(x,t)\, g(x)\, dx$$

erkennt man die Gestalt des adjungierten Operators, und für symmetrische Funktionen K(s,t) ist $A = A^*$.

Sehr häufig werden wir auch Funktionen antreffen, die über einem reellen Intervall $a \leq t \leq b$ definiert sind, aber komplexe Werte annehmen. Hier definiert man Skalarprodukt und Norm wie folgt:

$$(f, g) = \int_a^b f(t)\, \overline{g(t)}\, dt,$$

$$\|f\| = \sqrt{(f, f)} = \sqrt{\int_a^b |f(t)|^2\, dt}.$$

Dabei läßt sich f(t) in üblicher Weise in Real- und Imaginärteil zerlegen:

$$f(t) = f_1(t) + i\, f_2(t);$$

$\overline{f(t)}$ ist die konjugiert-komplexe Funktion:

$$\overline{f(t)} = f_1(t) - i\, f_2(t),$$

und für den Betrag der Funktion f(t) gilt

$$|f(t)|^2 = [f_1(t)]^2 + [f_2(t)]^2 .$$

Abschließend soll noch eine wesentliche Eigenschaft <u>linearer Funktionale</u> angegeben werden.
Jedes derartige Funktional A legt ja für alle Elemente x des Raumes H eine reelle (oder komplexe) Zahl Ax fest. Dieses Bildelement läßt sich stets mit Hilfe des Skalarproduktes bestimmen, d. h., es existiert ein festes Element y_A, so daß

$$x' = Ax = (x, y_A)$$

für alle $x \in H$ gilt.

4. ORTHONORMALSYSTEME

Bei den Anwendungen vor allem in der Informationstechnik spielen die bereits erwähnten Orthonormalsysteme und damit zusammenhängende Fourier-Transformationen und Entwicklungen eine hervorragende Rolle.
Wir wollen uns in diesem Kapitel einer ganzen Reihe von speziellen Konkretisierungen der allgemeinen Begriffe zuwenden. Es wird stets darauf ankommen, die betrachteten Räume und Funktionensysteme anzugeben, die Operationen festzulegen und den allgemeinen Formalismus anzuwenden - die prinzipielle Vorgehensweise bleibt immer unverändert.

4.1. Trigonometrische Orthonormalsysteme

Wir beginnen unsere Betrachtungen mit dem Raum der reellen Funktionen, die über dem Intervall $[-\pi, \pi]$ definiert und dort stetig sind.
Als Funktionensystem verwenden wir die Funktionen

$$1, \cos x, \sin x, \cos 2x, \sin 2x, \ldots, \cos nx, \sin nx, \ldots$$

Als Skalarprodukt benutzen wir - wie bereits erwähnt - die Integration:

$$(f, g) = \int_{-\pi}^{\pi} f(x)\, g(x)\, dx.$$

Für (f,f) entsteht damit das Integral

$$\int_{-\pi}^{\pi} [f(x)]^2\, dx,$$

und als Norm erhält man:

$$\| f \| = \sqrt{\int_{-\pi}^{\pi} [f(x)]^2\, dx};$$

das bedeutet, daß die zu betrachtenden Funktionen <u>quadratisch integrierbar</u> sein (d. h. zum Raum L_2 gehören) müssen.

Die folgenden Integrale weisen die Orthogonalität nach:

a) $$\int_{-\pi}^{\pi} \cos mx \cos nx \, dx = \begin{cases} 0 \text{ für } m \neq n, \\ \pi \text{ für } m = n, \end{cases}$$

b) $$\int_{-\pi}^{\pi} \sin mx \sin nx \, dx = \begin{cases} 0 \text{ für } m \neq n, \\ \pi \text{ für } m = n, \end{cases}$$

c) $$\int_{-\pi}^{\pi} \cos mx \sin nx \, dx = 0 \quad \text{für } m, n = 1, 2, \ldots,$$

d) $$\int_{-\pi}^{\pi} 1 \cdot \sin mx \, dx = 0 \quad \text{für } m = 1, 2, \ldots,$$

e) $$\int_{-\pi}^{\pi} 1 \cdot \cos nx \, dx = 0 \quad \text{für } n = 1, 2, \ldots$$

Durch die Fallunterscheidung a) - e) wird gezeigt, daß:

a) alle Funktionen cos mx untereinander orthogonal sind;
b) alle Funktionen sin nx untereinander orthogonal sind;
c) jede Funktion sin nx orthogonal zu jeder Funktion cos mx ist;
d) und e) die konstante Funktion 1 zu allen anderen Funktionen orthogonal ist.

Mit Hilfe der Integrale

$$\int_{-\pi}^{\pi} 1^2 \cdot dx = 2\pi, \quad \int_{-\pi}^{\pi} \sin^2 mx \, dx = \int_{-\pi}^{\pi} \cos^2 mx \, dx = \pi$$

ergibt sich die Normierung, so daß man das folgende Orthonormalsystem erhält:

$$\frac{1}{\sqrt{2\pi}}, \frac{1}{\sqrt{\pi}}\cos x, \frac{1}{\sqrt{\pi}}\sin x, \frac{1}{\sqrt{\pi}}\cos 2x, \frac{1}{\sqrt{\pi}}\sin 2x, \ldots$$

Will man eine Funktion f(x) des gegebenen Raumes in ihre Fourier-Reihe bzgl. dieses Orthonormalsystems entwickeln, so muß man die entsprechenden Skalarprodukte

$$(f, \frac{1}{\sqrt{2\pi}}), \quad (f, \frac{1}{\sqrt{\pi}}\cos mx), \quad (f, \frac{1}{\sqrt{\pi}}\sin mx)$$

bilden:

$$a_o = (f, \frac{1}{\sqrt{2\pi}}) = \frac{1}{\sqrt{2\pi}} \int_{-\pi}^{\pi} f(x)\, dx;$$

$$a_m = (f, \frac{1}{\sqrt{\pi}} \cos mx) = \frac{1}{\sqrt{\pi}} \int_{-\pi}^{\pi} f(x) \cos mx\, dx, \quad m = 1,2,\ldots$$

$$b_m = (f, \frac{1}{\sqrt{\pi}} \sin mx) = \frac{1}{\sqrt{\pi}} \int_{-\pi}^{\pi} f(x) \sin mx\, dx, \quad m = 1,2,\ldots$$

Mit deren Hilfe kann man dann die entsprechende Fourier-Reihe sofort aufschreiben:

$$f(x) = a_o \cdot \frac{1}{\sqrt{2\pi}} + a_1 \cdot \frac{1}{\sqrt{\pi}} \cos x + b_1 \cdot \frac{1}{\sqrt{\pi}} \sin x + \ldots$$

Da unser Funktionensystem auch die Eigenschaft der Vollständigkeit besitzt, kann man jedes Element des gegebenen Raumes auf diese Art und Weise darstellen, oder, anders gesagt, man kann jede Funktion f(x) des Raumes eineindeutig auf eine Zahlenfolge $(a_o, a_1, b_1, a_2, b_2, \ldots)$ abbilden, die ihrerseits die Funktion f(x) eindeutig bestimmt. Man kann also wichtige Überlegungen in diesen Folgenraum verlagern, bei dem es sich natürlich wieder um den l_2 handelt.

Somit ist für einen Anwender, einen Techniker oder Ingenieur, das Problem klar: Wenn er für seine Probleme das genannte Orthonormalsystem auswählt, so weiß er, daß er die Entwicklung in die Fourier-Reihe stets realisieren kann, sofern "seine Funktionen" dem genannten Raum angehören, und daß er sich um die Lösung bzw. die numerische Berechnung bestimmter Integrale kümmern muß. Hierfür kann er neben seinen eigenen Kenntnissen zielgerichtet Nachschlagewerke verwenden, nach numerischen Verfahren suchen, Mathematiker als Partner ansprechen usw. Keinesfalls muß er aber alle einschlägigen Integrationsformeln im Kopf haben.

Beispiel 1. Wir wollen die Funktion $f(x) = x$ im Intervall $[-\pi, \pi]$ entsprechend dem gegebenen Orthonormalsystem entwickeln. Wir erhalten der Reihe nach:

$$a_o = \frac{1}{\sqrt{2\pi}} \int_{-\pi}^{\pi} x \, dx = 0;$$

$$a_m = \frac{1}{\sqrt{\pi}} \int_{-\pi}^{\pi} x \cos mx \, dx = 0;$$

$$b_m = \frac{1}{\sqrt{\pi}} \int_{-\pi}^{\pi} x \sin mx \, dx = \frac{2\sqrt{\pi}}{m} \cdot (-1)^{m+1} .$$

Also entsteht die folgende Reihe:

$$f(x) = x = 2(\sin x - \frac{\sin 2x}{2} + \frac{\sin 3x}{3} - \frac{\sin 4x}{4} + \ldots) .$$

Auf Grund spezieller Randbedingungen gilt diese Entwicklung für alle inneren Punkte des Intervalls, also für $-\pi < x < \pi$. Für $x = -\pi$ und $x = \pi$ liefert sie den Wert 0.

Die in der Entwicklung der Funktion auftretenden Funktionen sin mx sind jedoch nicht nur im Intervall $[-\pi, \pi]$ definiert, sondern auf der ganzen reellen Achse. Dies bewirkt, daß die Funktion $f(x) = x$ periodisch auf die Intervalle $[\pi, 3\pi]$, $[3\pi, 5\pi]$, $[-\pi, -3\pi]$, ... "fortgesetzt" wird. In den Trennstellen der Intervalle $\pm\pi$, $\pm 3\pi$, $\pm 5\pi$ konvergiert sie gegen den Mittelwert des "rechten" und "linken" Grenzwertes $+\pi$ und $-\pi$, also gegen Null (siehe Abb. 16).

Man beachte aber, daß diese Frage primär jedoch gar nicht steht - unser Objektraum ist die Menge der stetigen Funktionen über dem Intervall $[-\pi, \pi]$.

In der Informationstechnik hat die in Abb. 16 dargestellte Sägezahnkurve u. a. als Verlauf der Ablenkspannung für die x-Achse bei Oszillographen große Bedeutung.

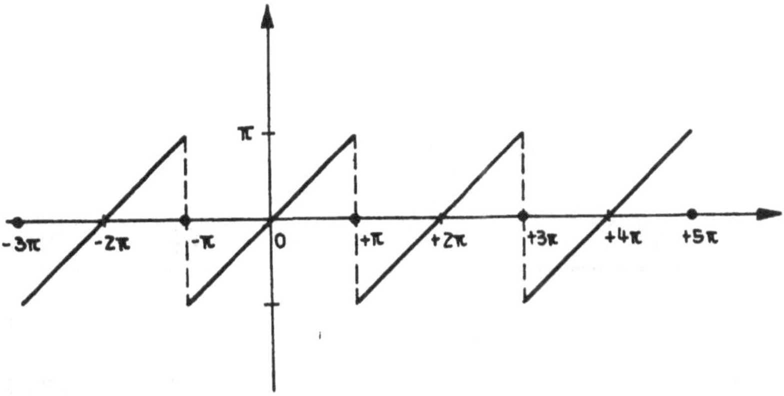

Abb. 16. Die periodische Fortsetzung der Funktion f(x) = x.

In Abb. 17 ist gezeigt, wie sich die <u>Approximationssummen,</u> die man durch Abbruch der Entwicklung erhält, immer besser an $f(x) = x$ anschmiegen.
Die als Spektralfrequenzen bezeichneten Argumente nx der Sinusfunktionen treten mit den Amplituden $\frac{2}{n}$ auf, d. h., ihr Einfluß wird immer geringer, so daß schon für kleine n gute Näherungen erreicht werden.
Ohne die Approximationsproblematik weiter auszuführen, können wir damit folgende anschauliche Vorstellung verbinden:
Mit Hilfe der additiven Überlagerung von trigonometrischen Funktionen ist es möglich, die betrachtete Funktion "beliebig genau" zu approximieren.

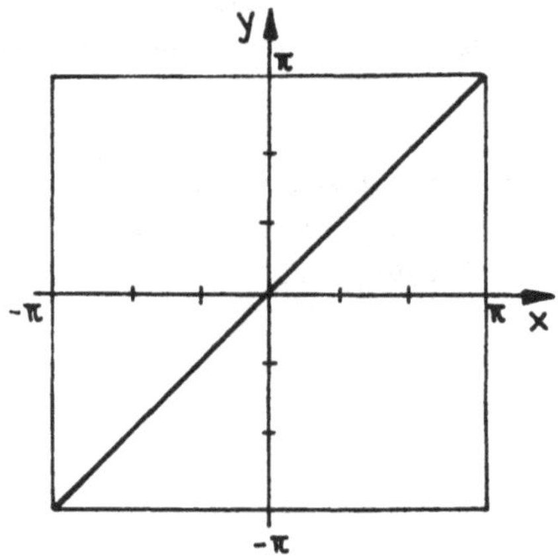

a) Ausgangsfunktion $y = x$

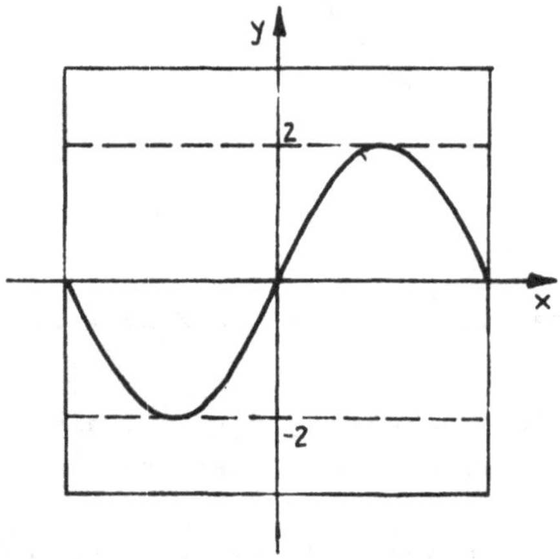

b1) $y = 2 \sin x$

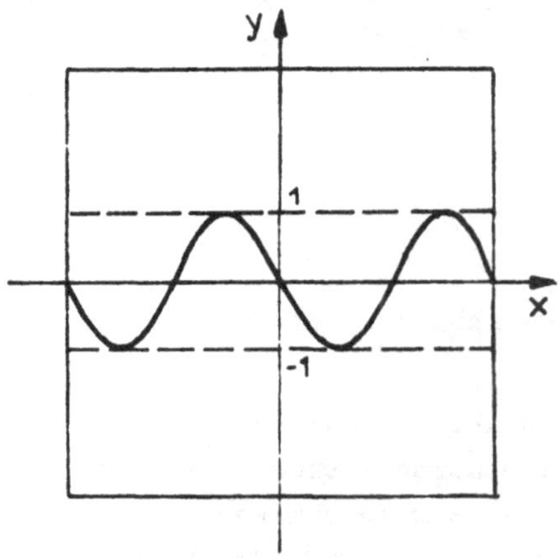

b2) $y = -\sin 2x$

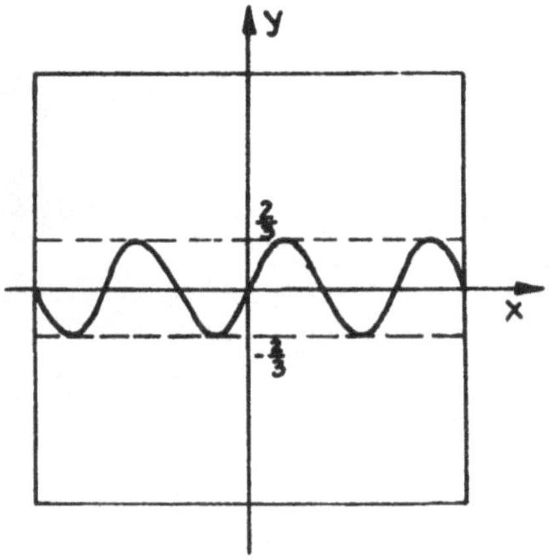

b3) $y = \frac{2}{3} \sin 3x$

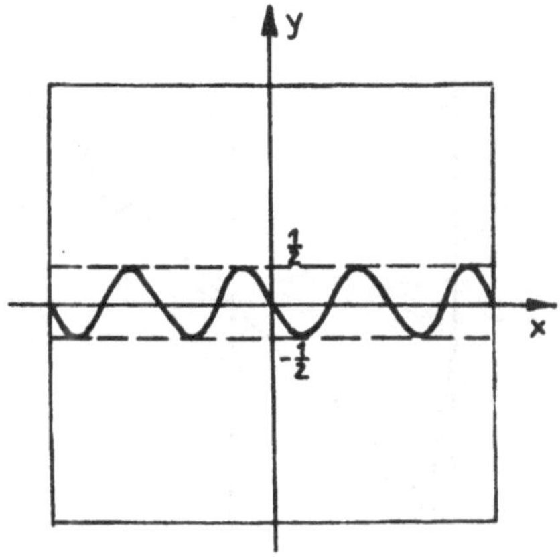

b4) $y = -\frac{1}{2} \sin 4x$

b) die zur Approximation verwendeten Funktionen

1+2

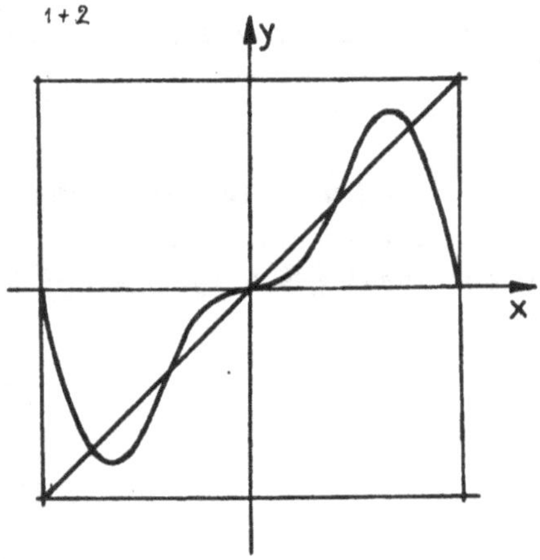

c1) $y = 2 \sin x - \sin 2x$

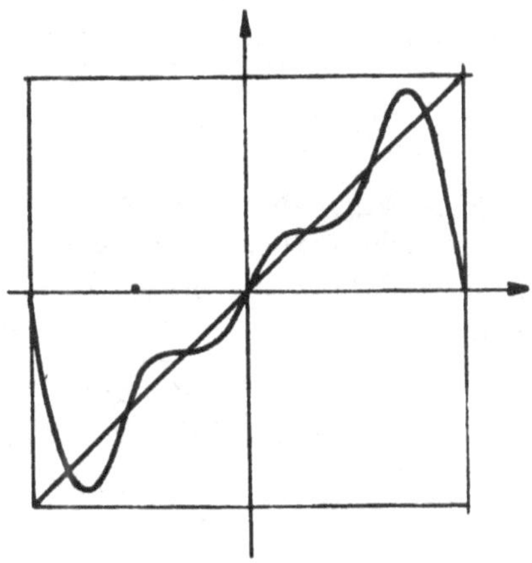

c2) $y = 2\sin x - \sin 2x + \frac{2}{3} \sin 3x$

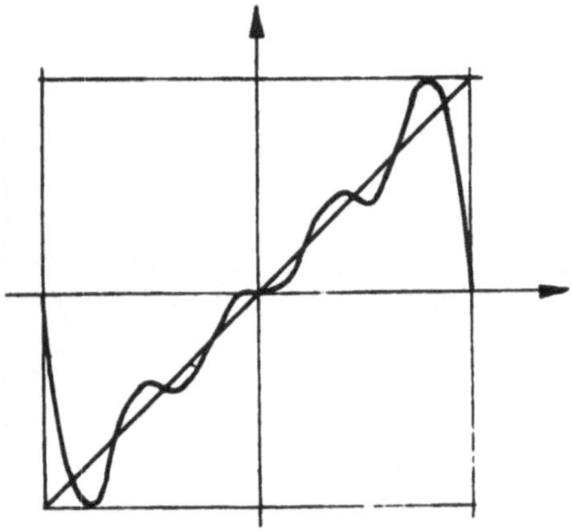

c3) $y = 2 \sin x - \sin 2x + \frac{2}{3} \sin 3x - \frac{1}{2} \sin 4x$

c) die ersten drei Approximationen der Funktion $y = x$

Abb. 17. Die Approximation von $f(x) = x$ durch endliche trigonometrische Summen

Beispiel 2. In einem zweiten Beispiel wollen wir ein "Stück von einer Impulsfolge" in seine Fourier-Reihe entwickeln. Genauer gesagt, wir betrachten (wiederum im Intervall $[-\pi, \pi]$) die Funktion

$$\operatorname{sign} x = \begin{cases} -1 & \text{für } -\pi < x < 0, \\ 0 & \text{für } x = 0, \\ +1 & \text{für } 0 < x < \pi. \end{cases}$$

Man erhält:

$$a_0 = \sqrt{2\pi}, \quad a_m = 0, \quad b_m = \frac{2}{m \cdot \sqrt{\pi}}(1 + (-1)^{m+1});$$

für ungerade m ist $(-1)^{m+1} = 1$, für gerade m ist $(-1)^{m+1} = -1$,

also gilt: $b_m = \frac{2 \cdot 2}{\sqrt{\pi}} \cdot \frac{1}{m}$ für $m = 1, 3, 5, 7, \ldots,$

$b_m = 0$ für $m = 2, 4, 6, 8, \ldots,$

womit die Reihenentwicklung die folgende Form annimmt:

$$f(x) = \frac{4}{\pi} \left(\sin x + \frac{\sin 3x}{3} + \frac{\sin 5x}{5} + \ldots\right).$$

Diese Reihe konvergiert für $-\pi < x < 0$ gegen -1, für $0 < x < \pi$ gegen +1 und in den "Unstetigkeitspunkten" $-\pi$, 0 und π gegen 0.

Setzt man $x = \omega_0 t$, so ergeben sich Sinusschwingungen mit Frequenzen $n\omega_0$ und Amplituden, deren Hüllkurve die Hyperbel 1/n darstellt. Abb. 18 zeigt dieses <u>Amplitudenspektrum.</u> Die Grundschwingung ω_0 und die 1. Harmonische $3\omega_0$ sind in Abb. 19 mit eingezeichnet. Man erkennt aus Abb. 19 b, wie sich bereits bei der Summation dieser beiden Schwingungen ein dem Rechteckverlauf ähnlicher Kurvenverlauf ergibt. Je mehr Harmonische hinzugenommen werden, umso steiler werden die Flanken und umso mehr treten die Ecken hervor, d. h., umso besser wird die Annäherung; für $n \to \infty$ ergibt sich exakt der Rechteckverlauf.

In beiden Beispielen enthält die entstandene Reihe nur sin-Funktionen. Das liegt daran, daß die beiden betrachteten Funktionen $f_1(x) = x$ und $f_2(x) = \operatorname{sign} x$ im betrachteten Intervall <u>ungerade Funktionen</u> sind, d. h., für sie gilt: $f(-x) = -f(x)$.
Diese Eigenschaft ist aber auch gerade für die Sinus-Funktion charakteristisch:

$$\sin(-x) = -\sin x.$$

Deshalb betrachten wir noch ein Beispiel, das keine Symmetrie bezgl. des Nullpunktes besitzt.

<u>Beispiel 3.</u> Es sei die Funktion

$$f(x) = \begin{cases} 0 \text{ für } -\pi \leq x \leq 0, \\ x \text{ für } 0 < x \leq \pi \end{cases}$$

in ihre Fourier-Reihe zu entwickeln. Das Schema ist bekannt; das Lösen der entsprechenden Integrale ergibt:

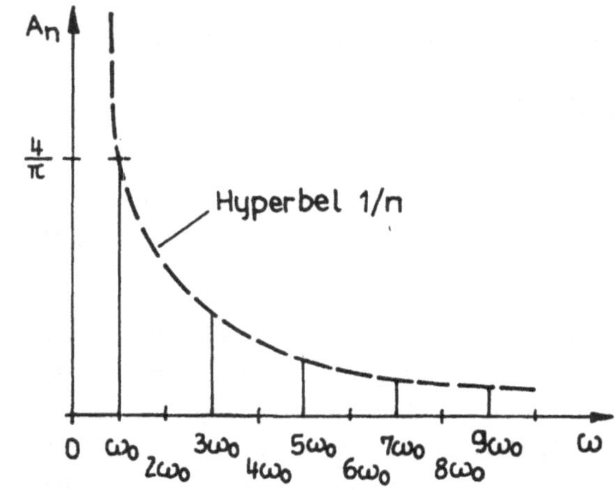

Abb. 18. Amplitudenspektrum und Hüllkurve eines Impulses

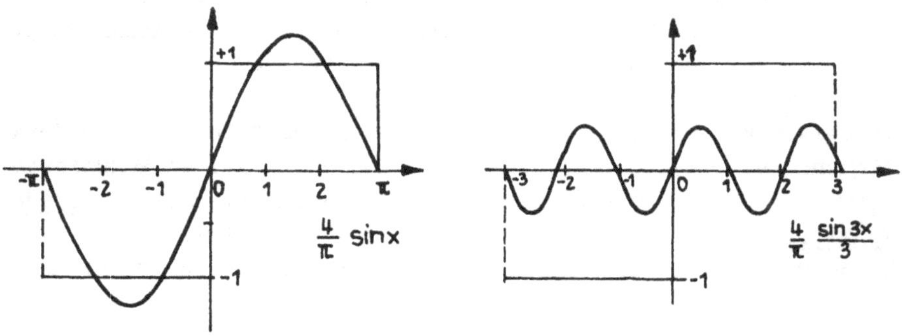

a) Impuls, Grundschwingung und 1. Harmonische

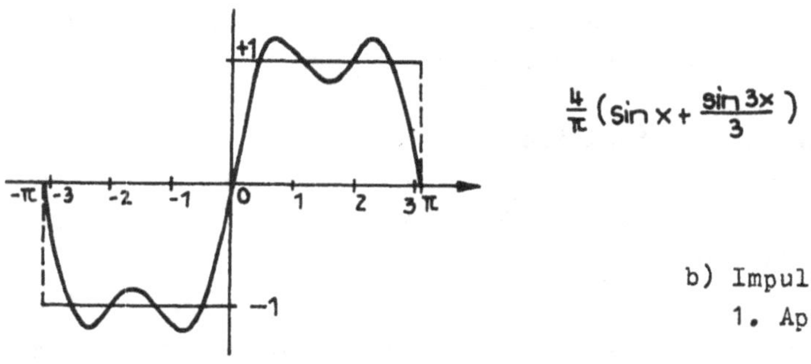

b) Impuls und
1. Approximation

Abb. 19. Die Approximation eines Impulses durch Sinusschwingungen

$$a_0 = \frac{\pi^2}{2\sqrt{2\pi}}, \quad a_m = \frac{1}{m^2\sqrt{\pi}}\left[(-1)^{m-1}-1\right], \quad b_m = (-1)^{m+1}\frac{\sqrt{\pi}}{m}.$$

$$f(x) = \frac{\pi}{2}\sqrt{2\pi} - \frac{2}{\pi}\left[\cos x + \frac{\cos 3x}{3^2} + \frac{\cos 5x}{5^2} + \ldots\right]$$

$$+ \left[\sin x - \frac{\sin 2x}{2} + \frac{\sin 3x}{3} - \ldots\right].$$

Man beachte, daß $f(x)$ nicht etwa "erst im Nullpunkt" beginnt, sondern daß es sich um eine Funktion im Intervall $[-\pi, \pi]$ handelt, die auch entsprechend diesem Verlauf periodisch fortgesetzt wird. Im Nullpunkt ist diese Funktion stetig, in den beiden Randpunkten konvergiert die Fourier-Reihe gegen $\frac{\pi}{2}$.

Die entsprechende Folge der Fourier-Koeffizienten soll noch einmal explizit angegeben werden:

$$\left(\frac{\pi^2}{2\sqrt{2\pi}}, -\frac{2}{\sqrt{\pi}}, \sqrt{\pi}, 0, -\frac{\sqrt{\pi}}{2}, \frac{-2}{3^2\sqrt{\pi}}, \frac{\sqrt{\pi}}{3}, \ldots\right).$$

Es sei an dieser Stelle angemerkt, daß es in der Literatur häufig üblich ist, die Normierung der Funktionen auf den Wert 1 fallenzulassen, um die unbequemen Faktoren $\frac{1}{\sqrt{\pi}}$ bzw. $\frac{1}{\sqrt{2\pi}}$ vor den Integralen zu beseitigen.
Man verwendet also

$$a_0' = \sqrt{2\pi}\cdot a_0$$

$$a_1' = \sqrt{\pi}\cdot a_1, \ldots$$

$$b_1' = \sqrt{\pi}\cdot b_1, \ldots$$

und erhält die Darstellung

$$f(x) = a_0' + a_1' \sin x + b_1' \cos x + a_2' \sin 2x + b_2' \cos 2x + \ldots$$

Wie man bei der Berechnung der Integrale bereits bemerkt hat, eignet sich das Intervall $[-\pi, \pi]$ besonders gut für die Integration von Ausdrücken, die trigonometrische Funktionen enthalten. Wie kann man sich nun helfen, wenn die Funktion in anderen Intervallen definiert ist?

Dazu betrachten wir eine Modifikation der Funktion aus Beispiel 2. Es sei

$$f(x) = \begin{cases} -1 & \text{für } -1 \leq x < 0, \\ 0 & \text{für } x = 0, \\ +1 & \text{für } 0 < x \leq 1. \end{cases}$$

Es handelt sich also "um die gleiche Funktion", aber jetzt über dem Intervall $[-1, 1]$.
Die gesuchte Fourier-Reihe dieser Funktion realisieren wir über zwei Hilfsschritte (siehe Abb. 20).
Durch die Abbildungsvorschrift

$$x' = \frac{\pi}{1} \cdot x$$

wird nämlich das Intervall $-1 \leq x \leq 1$ auf das Intervall $-\pi \leq x' \leq \pi$ eineindeutig abgebildet. Die zu entwickelnde Funktion $f(x)$ geht über in die Funktion $g(x')$:

$$g(x') = \begin{cases} -1 & \text{für } -\pi \leq x' < 0, \\ 0 & \text{für } x' = 0, \\ +1 & \text{für } 0 < x' \leq \pi. \end{cases}$$

Für diese Funktion $g(x')$ ist die Fourier-Entwicklung aber bekannt (siehe Beispiel 2):

$$g(x') = \frac{4}{\pi} \left(\sin x' + \frac{\sin 3x'}{3} + \frac{\sin 5x'}{5} + \ldots\right).$$

Ersetzt man jetzt x' durch $\frac{\pi}{1} x$, so erhält man die gesuchte Entwicklung:

$$f(x) = \frac{4}{\pi} \left(\sin \frac{\pi x}{1} + \frac{1}{3} \sin \frac{3\pi x}{1} + \frac{1}{5} \sin \frac{5\pi x}{1} + \ldots\right).$$

Man hat also die gesuchte Fourier-Entwicklung von f(x) im Intervall $[-1, 1]$ in mehreren Schritten ausgeführt:

1. Abbildung des Intervalls $[-1, 1]$ auf das Intervall $[-\pi, \pi]$; damit wird f(x) überführt in g(x').

2. Reihenentwicklung von g(x').

3. Abbildung des Intervalls $[-\pi, \pi]$ auf das Intervall $[-1,1]$; Bestimmung der richtigen Reihenentwicklung.

Hier erkennt man die Wirksamkeit des Abbildungsbegriffs "in voller Schönheit".

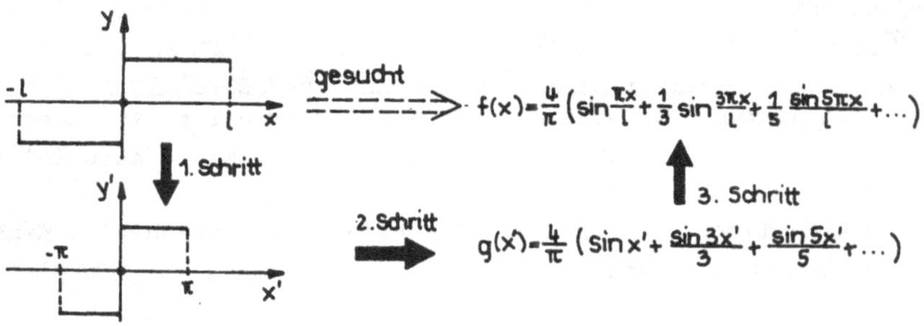

Abb. 20. Die Transformation des Definitionsbereiches.

Ist nun eine Funktion f(x) über dem Intervall $[a, b]$ gegeben, so verfahren wir analog, indem wir dieses Intervall durch die Vorschrift

$$x' = \frac{\pi}{b - a}(2x - a - b)$$

auf das Intervall $[-\pi, \pi]$ abbilden. Hat man bereits eine Entwicklung für $[-1, 1]$ vorliegen, so kann man natürlich auch dieses Intervall als Bildintervall wählen. Der sichere Umgang mit dem Abbildungsbegriff bietet hier volle Handlungsfreiheit. Man kann diese Transformationen des Definitionsbereiches stets mit Hilfe des Ansatzes

$$x' = mx + n$$

realisieren.
In unserem Beispiel soll für $x = a$ $x' = -\pi$ und für $x = b$ $x' = +\pi$ gelten:

$$-\pi = m \cdot a + n,$$
$$+\pi = m \cdot b + n.$$

Die Auflösung dieses Gleichungssystems nach m und n ergibt

$$m = \frac{2\pi}{b - a}, \quad n = \frac{(a + b)\pi}{a - b}.$$

Damit reicht es aus, über die Fourier-Entwicklung im Intervall $[-\pi, +\pi]$ Bescheid zu wissen, um jede in einem Intervall $[a, b]$ definierte stetige Funktion in ihre Fourier-Reihe zu entwickeln. Man hüte sich aber, dieses Intervall zu verlassen, und bedenke die periodische Fortsetzung außerhalb dieses Intervalls.
Wir wollen daran erinnern, daß für alle hier betrachteten Reihenentwicklungen die Reihe

$$a_o^2 + \sum_{k=1}^{\infty} (a_k^2 + b_k^2)$$

konvergiert und gleich $\int_{-\pi}^{\pi} [f(x)]^2 \, dx$ ist (auf Grund der Parsevalschen Gleichung). Physikalisch bedeutet das, daß die Energie $\int_{-\pi}^{\pi} [f(x)]^2 \, dx$ gleich der Summe der Energie der Spektralamplituden sein muß.

Betrachten wir nun weitere Orthonormalsysteme aus trigonometrischen Funktionen.

Im Intervall $[0,\pi]$ bilden die Funktionen

$$\sqrt{\frac{2}{\pi}}\sin x,\quad \sqrt{\frac{2}{\pi}}\sin 2x,\quad \sqrt{\frac{2}{\pi}}\sin 3x,\ \ldots$$

und die Funktionen

$$\frac{1}{\sqrt{\pi}},\quad \sqrt{\frac{2}{\pi}}\cos x,\quad \sqrt{\frac{2}{\pi}}\cos 2x,\quad \sqrt{\frac{2}{\pi}}\cos 3x,\ \ldots$$

jeweils ein vollständiges Orthonormalsystem.

Beispiel 4. Wir betrachten wiederum die Funktion $f(x) = x$, jetzt aber "nur" im Intervall $[0,\pi]$, und entwickeln sie einmal in eine Sinus-, zum zweiten in eine Cosinus-Reihe und erhalten:

$$x = 2\left(\sin x - \frac{\sin 2x}{2} + \frac{\sin 3x}{3} - \frac{\sin 4x}{4} + \ldots\right)$$

bzw.

$$x = \frac{\pi}{2} - \frac{4}{\pi}\left(\cos x + \frac{\cos 3x}{3^2} + \frac{\cos 5x}{5^2} + \ldots\right).$$

Beide Reihen konvergieren in jedem inneren Punkt des Intervalls $[0,\pi]$, also für $0 < x < \pi$, gegen $f(x) = x$. Unterschiede treten nur auf, wenn man dieses Intervall "überschreitet" - der Leser kann sich jetzt sehr wohl selbst veranschaulichen, inwieweit dies berechtigt ist.
Dazu betrachten wir Abb. 21.

Geht man vom Intervall $[0,\pi]$ zum Intervall $[-\pi, 0]$ über, so besitzt $y = \cos x$ für jedes x den gleichen Wert wie für $-x$, während $y = \sin x$ das Vorzeichen wechselt; also wechselt auch "die Summe der ersten Reihe" das Vorzeichen, während die Summe der zweiten Reihe ungeändert bleibt.
Damit ist die Sinus-Reihe im ganzen Intervall $[-\pi,\pi]$ die Entwicklung der Funktion $y = x$, während die Cosinus-Reihe im Intervall $[-\pi,\pi]$ die Entwicklung der Funktion $y = |x|$ darstellt. Das gleiche Ergebnis würden wir natürlich erhalten, wenn wir $y = |x|$ im Intervall $[-\pi,\pi]$ nach dem Orthonormalsystem entwickelt hätten, das für dieses Intervall bereits betrachtet wurde. In den Randpunkten des Intervalls $[0,\pi]$ konvergiert

die Sinus-Reihe stets gegen Null, während die Cosinus-Reihe gegen den rechts- bzw. linksseitigen Grenzwert konvergiert.

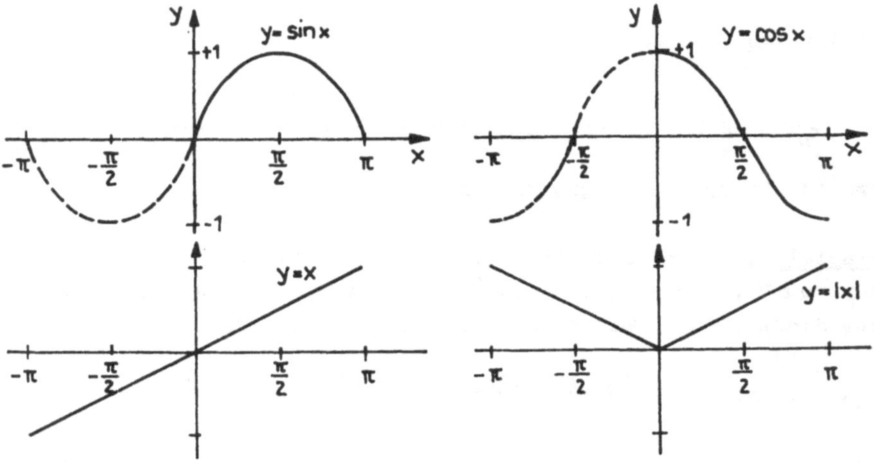

Abb. 21. Die Fortsetzung von Sinus- und Cosinus-Entwicklungen.

Eine Entwicklung einer Funktion f(x), die in einem Intervall $[a, b]$ definiert ist, in eine reine Sinus- oder Cosinus-Reihe kann wiederum auf das Intervall $[0, \pi]$ zurückgeführt werden und bereitet dem Leser sicherlich keine Schwierigkeiten.

<u>Beispiel 5.</u> Als praktisch wichtiges Beispiel aus der Informationstechnik sei die <u>Einweg-</u> bzw. <u>Doppelweg-Gleichrichtung</u> genannt. Nach Abb. 22 liegt im Ergebnis einer Doppelweggleichrichtung eine gerade Funktion vor. Deshalb können wir zur Bestimmung der entsprechenden Fourier-Reihe die Funktion $f(x) = a \cdot \sin x$ im Intervall $0 \leq x \leq \pi$ in eine Cosinus-Reihe entwickeln und dann über dieses Intervall hinaus fortsetzen.

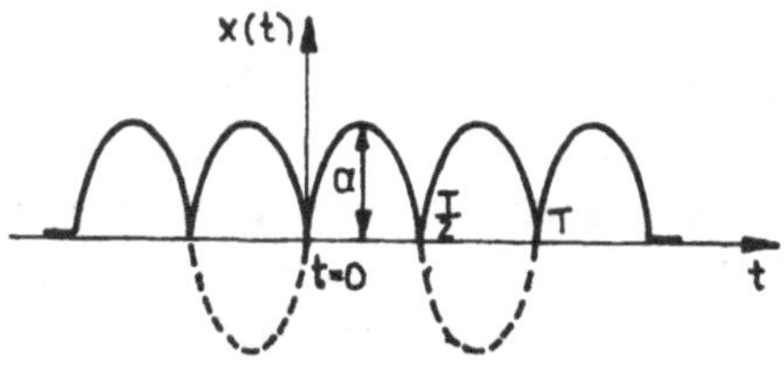

Abb. 22. Doppelweggleichrichtung.

Es gilt also:

$$a_o = \frac{a}{\sqrt{\pi}} \cdot \int_0^{\pi} \sin x \, dx = \frac{2a}{\sqrt{\pi}} ,$$

$$a_1 = \sqrt{\frac{2}{\pi}} \cdot a \int_0^{\pi} \sin x \cos x \, dx = 0,$$

$$a_n = \sqrt{\frac{2}{\pi}} \cdot a \int_0^{\pi} \sin x \cos nx \, dx, \; n > 1.$$

Zur Berechnung von a_n verwenden wir die Beziehung

$$\int \sin ux \cos vx \, dx = -\frac{\cos(u+v)x}{2(u+v)} - \frac{\cos(u-v)x}{2(u-v)} \quad \text{für } u \neq v$$

und erhalten

$$a_n = -\frac{a}{2}\sqrt{\frac{2}{\pi}}\left[\frac{\cos(n+1)\pi - 1}{n+1} - \frac{\cos(n-1)\pi - 1}{n-1}\right]$$

$$= -\frac{a}{2}\sqrt{\frac{2}{\pi}}\left[\frac{(-1)^{n+1} - 1}{n+1} - \frac{(-1)^{n+1} - 1}{n-1}\right]$$

$$= \begin{cases} 0 & \text{für } n \text{ ungerade,} \\ -\dfrac{2\,a}{n^2-1}\sqrt{\dfrac{2}{\pi}} & \text{für } n \text{ gerade .} \end{cases}$$

Nimmt man den Normierungsfaktor $\sqrt{\frac{2}{\pi}}$ bzw. $\frac{1}{\sqrt{\pi}}$ zu a_n mit hinzu, so erhält man

$$a_o' = \frac{2a}{\pi}, \quad a_n' = -\frac{4a}{\pi} \cdot \frac{1}{n^2-1} \qquad \text{für } n = 2, 4, 6, \ldots$$

Damit entsteht die gesuchte Fourier-Reihe

$$f(x) = \frac{2a}{\pi} - \frac{4a}{\pi}\left[\frac{\cos 2x}{3} + \frac{\cos 4x}{15} + \frac{\cos 6x}{35} + \ldots\right].$$

Die in der Informationstechnik übliche Darstellung als Zeitfunktion erhält man durch Abbildung des Intervalls $0 \leq x \leq \pi$ auf das Intervall $0 \leq t \leq \frac{T}{2}$, indem man

$$x = \frac{2\pi}{T} t$$

setzt und die Kreisfrequenz $\omega_0 = \frac{2\pi}{T}$ verwendet.
Damit entsteht schließlich

$$f(t) = \frac{2a}{\pi} - \frac{4a}{\pi} \sum_{n=1} \frac{\cos(2n\,\omega_0 t)}{4\,n^2-1}.$$

Das Amplitudenspektrum ist in Abb. 23 dargestellt (a = 1 V).

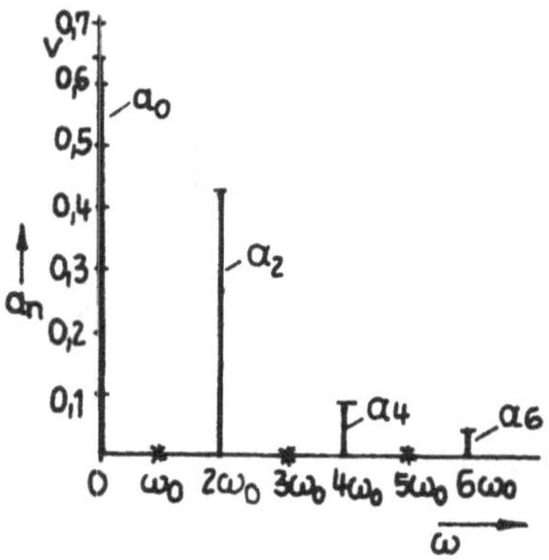

Abb. 23. Amplitudenspektrum der Doppelweg-Gleichrichtung.

Da der Effektivwert der Sinusschwingung gleich $a/\sqrt{2}$ ist, erhält man für das Verhältnis des Gleichanteils a_0 zum Effektivwert U_{eff} der Wechselspannung einen Wert

$$\frac{a_0}{U_{eff}} = \frac{2\sqrt{2}}{\pi}.$$

Für die Einweg-Gleichrichtung kann man die Funktion

$$f(x) = \begin{cases} 0 & \text{für } -\pi \leq x < 0, \\ a \cdot \sin x & \text{für } 0 \leq x \leq \pi \end{cases}$$

zugrundelegen und die Fourier-Reihe bzgl. des "kompletten" Sinus-Cosinus-Orthonormalsystems berechnen.
Dann ergibt sich

$$a_0 = \frac{a}{\sqrt{2\pi}} \int_0^\pi \sin x \, dx = \frac{2a}{\sqrt{2\pi}}, \quad a_1 = 0,$$

$$a_n = \frac{a}{\sqrt{\pi}} \int_0^\pi \sin x \cos nx \, dx = \begin{cases} 0 & \text{für } n > 1, \\ & n \text{ ungerade} \\ -\frac{2a}{\sqrt{\pi}} \cdot \frac{1}{n^2-1} & \text{für } n > 1, \\ & n \text{ gerade} \end{cases}$$

$$b_1 = \frac{a}{\sqrt{\pi}} \int_0^\pi \sin^2 x \, dx = \frac{a \cdot \sqrt{\pi}}{2}, \quad b_n = 0 \quad \text{für } n > 1.$$

Nach Einführung von t und ω_0 entsteht schließlich für die Einweg-Gleichrichtung

$$f(t) = \frac{a}{\pi} + \frac{a}{2} \sin \omega_0 t - \frac{2a}{\pi} \sum_{n=1}^{\infty} \frac{\cos(2n\omega_0 t)}{4 n^2 - 1}.$$

Das zugehörige Amplitudenspektrum ist in Abb. 24 dargestellt (wiederum für a = 1 V).

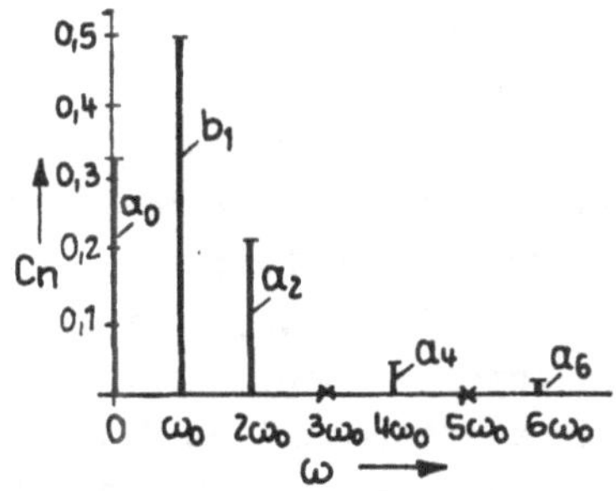

Abb. 24. Amplitudenspektrum der Einweg-Gleichrichtung.

Für das Verhältnis des Gleichanteils a_0 zum Effektivwert U_{eff} erhält man jetzt

$$\frac{a_0}{U_{eff}} = \frac{a}{\pi} : \frac{a}{\sqrt{2}} = \frac{\sqrt{2}}{\pi} ,$$

also nur den halben Wert im Vergleich zur Doppelweg-Gleichrichtung.
Bemerkenswert ist in beiden Fällen die Abnahme der Amplituden mit $\frac{1}{n^2}$.

Nachdem wir mit dem Problem der Entwicklung einer Funktion f(x), die in einem Intervall $[a, b]$ definiert ist, hinreichend vertraut sind und die Vollständigkeitsrelation in einem Satz über die Konvergenz von Reihen wiederfanden, sei daran erinnert, daß sich auch das Skalarprodukt im Bildraum der Folgen der Fourier-Koeffizienten zeigt:
Sind f(x) und g(x) zwei Funktionen über dem gleichen Intervall $[a, b]$ mit den Folgen der Fourier-Koeffizienten

$$f_1, f_2, f_3, \dots \quad \text{bzw.} \quad g_1, g_2, g_3, \dots,$$

so konvergiert die Reihe

$$\sum_{n=1}^{\infty} f_n \cdot g_n$$

gegen den Wert

$$\int_a^b f(x)\, g(x)\, dx.$$

Nunmehr wollen wir die Betrachtungen etwas modifizieren und als Orthonormalsystem Funktionen zulassen, die von einer reellen Variablen x abhängen, aber auch komplexe Werte annehmen können. Die zu entwickelnden Funktionen sollen nach wie vor reell sein. Wir betrachten also den Teilraum der reellen Funktionen einer reellen Variablen im Raum der komplexwertigen Funktionen einer reellen Variablen. Das Definitionsintervall sei wieder $[-\pi, \pi]$.

Für das Skalarprodukt benötigen wir jetzt die konjugiert-komplexen Funktionen:

$$g(x) = g_1(x) + j\, g_2(x), \qquad \overline{g(x)} = g_1(x) - j\, g_2(x);$$

$$(f, g) = \int_{-\pi}^{\pi} f(x)\, \overline{g(x)}\, dx, \qquad \| f \| = \int_{-\pi}^{\pi} |f(x)|^2\, dx.$$

Als orthonormales Funktionensystem verwenden wir die Funktionen

$$\frac{1}{\sqrt{2\pi}}\, e^{jnx}, \quad n = 0, \pm 1, \pm 2, \ldots$$

und wollen "zur Sicherheit" die Orthonormalität noch einmal prüfen:

$$\int_{-\pi}^{\pi} \frac{1}{\sqrt{2\pi}} e^{jnx} \cdot \frac{1}{\sqrt{2\pi}} e^{-jmx}\, dx = \frac{1}{2\pi} \int_{-\pi}^{\pi} e^{jnx}\, e^{-jmx}\, dx.$$

Hieraus entsteht, wenn wir die Eulerschen Formeln

$$e^{j\varphi} = \cos\varphi + j \sin\varphi$$

zu Hilfe nehmen, der folgende Ausdruck:

$$\frac{1}{2\pi} \int_{-\pi}^{\pi} e^{jnx}\, e^{-jmx}\, dx = \frac{1}{2\pi} \int_{-\pi}^{\pi} (\cos nx + j \sin nx)(\cos mx - j \sin mx)\, dx =$$

$$= \frac{1}{2\pi} \int_{-\pi}^{\pi} \left(\cos nx \cdot \cos mx + \sin nx \cdot \sin mx\right) dx +$$

$$+ \frac{1}{2\pi} \int_{-\pi}^{\pi} \left(\sin nx \cos mx - \cos nx \sin mx\right) dx =$$

$$= \begin{cases} 1 & \text{für } m = n \\ 0 & \text{für } m = n\,. \end{cases}$$

Somit können wir die Fourier-Koeffizienten c_n ohne weiteres berechnen:

$$c_n = \frac{1}{\sqrt{2\pi}} \int_{-\pi}^{\pi} f(x) e^{-jnx} dx =$$

$$= \frac{1}{\sqrt{2\pi}} \int_{-\pi}^{\pi} f(x) \cos nx \, dx - \frac{j}{\sqrt{2\pi}} \int_{-\pi}^{\pi} f(x) \sin nx \, dx;$$

für f(x) ergibt sich damit eine komplexe Fourier-Reihe:

$$f(x) = \frac{1}{\sqrt{2\pi}} \sum_{n=-\infty}^{\infty} c_n e^{jnx} = c_0 + c_1 e^{jx} + c_{-1} e^{-jx} + c_2 e^{j2x} + c_{-2} e^{-j2n} + \ldots$$

Die Reihe

$$\sum_{n=-\infty}^{\infty} |c_n|^2$$

konvergiert gegen $\int_{-\pi}^{\pi} |f(x)|^2 \, dx$.

Die Integrale für den Real- und den Imaginärteil von c_n sind uns bereits bekannt durch das Orthonormalsystem

$$\frac{1}{\sqrt{2\pi}}, \frac{1}{\sqrt{\pi}} \cos x, \frac{1}{\sqrt{\pi}} \sin x, \frac{1}{\sqrt{\pi}} \cos 2x, \frac{1}{\sqrt{\pi}} \sin 2x, \ldots$$

Dort galt:

$$a_0 = \frac{1}{\sqrt{2\pi}} \int_{-\pi}^{\pi} f(x) \, dx,$$

$$a_m = \frac{1}{\sqrt{\pi}} \int_{-\pi}^{\pi} f(x) \cos mx \, dx, \quad m = 1, 2, \ldots,$$

$$b_m = \frac{1}{\sqrt{\pi}} \int_{-\pi}^{\pi} f(x) \sin mx \, dx, \quad m = 1, 2, \ldots .$$

Also gilt:

$$c_o = a_o ,$$

$$c_n = \frac{1}{\sqrt{2}} a_n - \frac{j}{\sqrt{2}} b_n \qquad \text{für } n > 0 ,$$

$$c_n = \frac{1}{\sqrt{2}} a_n + \frac{j}{\sqrt{2}} b_n \qquad \text{für } n < 0 .$$

Koeffizienten mit dem gleichen n (bezeichnet durch c_n und c_{-n}) sind zueinander konjugiert-komplex, und es gilt:

$$\frac{\sqrt{2}}{2}(c_n + c_{-n}) = a_n,$$

$$\frac{\sqrt{2}}{2j}(c_n - c_{-n}) = b_n,$$

$$c_n \cdot c_{-n} = \frac{1}{2} |c_n|^2 = \frac{1}{2} |c_{-n}|^2 ;$$

summiert man über positive und negative n getrennt, so erhält man

$$f(x) = c_o + \sum_{n=1}^{\infty} \frac{1}{\sqrt{2}} (a_n + j b_n) e^{-jnx} + \sum_{n=1}^{\infty} \frac{1}{\sqrt{2}} (a_n - j b_n) e^{jnx},$$

und hieraus entsteht durch Zusammenfassung der Glieder mit gleichem n die bereits bekannte Darstellung

$$f(x) = \frac{a_0}{\sqrt{2\pi}} + \frac{1}{\sqrt{\pi}} \sum_{n=1}^{\infty} (a_n \cos nx + b_n \cdot \sin nx).$$

Zur Veranschaulichung wenden wir uns noch einmal der Einweg- bzw. Doppelweggleichrichtung zu.
Zur Bestimmung der komplexen Fourier-Koeffizienten sind die Skalarprodukte

$$\frac{1}{\sqrt{2\pi}} \int_{-\pi}^{\pi} a \cdot \sin x \cdot e^{-jnx} \, dx \qquad \text{für } n = 0, \pm 1, \pm 2, \ldots$$

zu berechnen, was man beispielsweise mit Hilfe der Beziehung

$$\sin x = \frac{e^{jx} - e^{-jx}}{2j}$$

auf die Berechnung des Integrals

$$\frac{a}{2j\sqrt{2\pi}} \int_{-\pi}^{\pi} (e^{jx} - e^{-jx}) e^{-jnx} \, dx = \frac{a}{2j\sqrt{2\pi}} \int_{-\pi}^{\pi} (e^{jx(1-n)} - e^{-jx(1+n)}) \, dx$$

oder mit Hilfe von $e^{j\varphi} = \cos\varphi + j\sin\varphi$ auf die bereits bekannten trigonometrischen Integrale zurückführen kann.

Mit Hilfe der Beziehungen

$$c_o = a_o \,,$$

$$c_n = \frac{1}{\sqrt{2}} a_n - \frac{j}{\sqrt{2}} b_n \,,$$

bzw.

$$c_{-n} = \frac{1}{\sqrt{2}} a_n + \frac{j}{\sqrt{2}} b_n$$

lassen sich die bereits gewonnenen Ergebnisse aber auch direkt verwenden.

Damit erhält die komplexe Fourier-Reihe der Doppelweg-Gleichrichtung folgende Gestalt:

$$f(x) = \frac{2a}{\pi} - \frac{4a}{\pi} \sum_{n=1}^{\infty} \frac{1}{4n^2-1} \left[e^{j2nx} + e^{-j2nx} \right]$$

bzw.

$$f(t) = \frac{2a}{\pi} - \frac{4a}{\pi} \sum_{n=1}^{\infty} \frac{1}{4n^2-1} \left[e^{j2n\omega_0 t} + e^{-j2n\omega_0 t} \right] .$$

Für die Einweg-Gleichrichtung erhält man die folgenden Darstellungen:

$$f(x) = \frac{a}{\pi} + \frac{a}{4j}\left[e^{jx} - e^{-jx}\right] - \frac{2a}{\pi}\sum_{n=1}^{\infty} \frac{1}{4n^2-1}\left[e^{j2nx} + e^{-j2nx}\right]$$

bzw.

$$f(t) = \frac{a}{\pi} + \frac{a}{4j}\left[e^{j\omega_0 t} - e^{-j\omega_0 t}\right] - \frac{2a}{\pi}\sum_{n=1}^{\infty} \frac{1}{4n^2-1}\left[e^{j2n\omega_0 t} + e^{-j2n\omega_0 t}\right].$$

Auch hier werden in praxi häufig die Fourier-Koeffizienten $c_n' = \sqrt{2\pi} \cdot c_n$ verwendet, wodurch man sich von den etwas lästigen Normierungsfaktoren freimachen kann.

Die Übertragung der Zusammenhänge auf das Intervall $[-1, 1]$ bzw. auf beliebige Intervalle können wir wohl ohne Schwierigkeiten übergehen, da sich hierbei keine neuen Gesichtspunkte ergeben.

Will man die bisher gewonnenen Ergebnisse auf Funktionen von zwei Variablen übertragen, so entstehen dabei keine neuen Probleme und auch keine begrifflichen Schwierigkeiten.
Das Funktionensystem

$$\frac{1}{2\pi} e^{j(nx + my)}, \quad n = 0, \pm 1, \pm 2, \ldots, \quad m = 0, \pm 1, \pm 2, \ldots$$

ist die gesuchte Basis für Funktionen, die in dem Bereich $-\pi \leq x \leq \pi$, $-\pi \leq y \leq \pi$ definiert und dort quadratisch integrierbar sind.

Die Abhängigkeit der Funktionen des Orthonormalsystems von n und m führt zu Fourier-Koeffizienten $c_{n,m}$, die man auf die bekannte Weise bestimmt:

$$c_{nm} = \frac{1}{2\pi} \int_{-\pi}^{\pi}\int_{-\pi}^{\pi} f(x, y)\ e^{-j(nx + my)}\ dx\ dy.$$

Das führt schließlich zu einer Fourier-Reihe, bei der sowohl über n als auch über m zu summieren ist:

$$f(x, y) = \frac{1}{2\pi} \sum_{n,m=-\infty}^{\infty} c_{n,m}\ e^{j(nx + my)}.$$

Genau wie früher konvergiert auch $\frac{1}{2\pi} \sum_{n,m=-\infty}^{\infty} |c_{n,m}|^2$, und diese Reihe besitzt den Grenzwert $\int_{-\pi}^{\pi}\int_{-\pi}^{\pi} |f(x,y)|^2\ dx\ dy$.

Die Ausdehnung auf Funktionen von drei und mehr Variablen kann ganz nach diesem Vorbild geschehen und bedarf keiner weiteren Erläuterung.

4.2. Orthonormale Polynomsysteme - Besselfunktionen

Da der Umgang mit Orthonormalsystemen im vorhergehenden Abschnitt am Beispiel trigonometrischer Funktionensysteme etwas breiter demonstriert wurde, können wir uns jetzt mit einer knapperen Darstellung begnügen.
Wichtig ist, daß man sich wieder stets die Grundprinzipien vor Augen führt:

- Im entsprechenden Raum muß ein Skalarprodukt und damit eine Orthogonalitätsbeziehung gegeben sein;
- es muß ein entsprechendes orthonormales Funktionensystem definiert oder hergestellt werden (Orthogonalisierungsverfahren);
- dann kann man jedes Element des Raumes in eine Fourier-Reihe entwickeln; jede endliche Teilsumme dieser Reihe erfüllt die

Besselsche Ungleichung; für die gesamte Reihe gilt die Parsevalsche Gleichung.

Damit können wir uns in diesem Abschnitt auf eine Zusammenstellung weiterer wichtiger Orthonormalsysteme beschränken. Der Leser sei für intensivere Beschäftigung mit diesen speziellen Systemen auf die sehr umfangreiche Literatur verwiesen, tut aber sicher auch gut daran, die eine oder andere Reihenentwicklung einmal selbst zu versuchen.

Sehr wichtig für viele praktische Anwendungen ist die Darstellung von Funktionen durch Polynome. Sicher wird es ohne Schwierigkeiten möglich sein, diese Frage gleich im Raum $L_{\varphi}^{2}[a, b]$ zu betrachten. Wir verwenden also das Skalarprodukt

$$(f, g) = \int_a^b \varphi(x)\, f(x)\, g(x)\, dx,$$

was für

$$(f, f) = \int_a^b \varphi(x) \left[f(x)\right]^2 dx$$

ergibt; unsere Funktionen müssen quadratisch integrierbar sein bzgl. einer <u>Gewichtsfunktion</u> $\varphi(x)$.
Für komplexwertige Funktionen muß man im Skalarprodukt natürlich wiederum $\overline{g(x)}$ verwenden:

$$(f, g) = \int_a^b \varphi(x)\, f(x)\, \overline{g(x)}\, dx.$$

Wir gehen aus von der Funktionenmenge

$$1, x, x^2, x^3, \ldots,$$

die aus lauter voneinander unabhängigen Funktionen besteht; die Anwendung des Orthogonalisierungsverfahrens führt zu einem orthonormalen Funktionensystem, das durch die Funktion $\varphi(x)$

eindeutig bestimmt ist. Für $\varphi = 1$ erhalten wir speziell weitere Orthonormalsysteme für $L^2 [a, b]$. Hierbei kann x beliebig reell oder komplex sein.

Es sei $[a, b] = [-1, 1]$ und $\varphi(x) = 1$. Dann bildet die Folge der Polynome

$$P_n(x) = \frac{(-1)^n}{2^n . n!} \frac{d^n}{dx^n} \left[(1-x^2)^n \right] = \frac{1}{\pi} \int_0^{\pi} (x + \sqrt{x^2-1} \cos \vartheta)^n \, d\vartheta$$

$$(0 < x < \pi)$$

ein vollständiges Orthonormalsystem (für n = 0, 1, 2, ...). Diese Polynome werden als <u>Legendresche Polynome</u> bezeichnet. Sie beginnen mit

$P_0(x) = 1,$

$P_1(x) = x,$

$P_2(x) = \frac{1}{2} (3x^2 - 1),$

.
.
.

Die entsprechenden Koeffizienten der zugehörigen Fourier-Reihe erhält man durch Integration:

$$c_n = \int_{-1}^{1} P_n(x) \, f(x) \, dx, \quad n = 0, 1, 2, \ldots,$$

und für jede Funktion f(x) des betrachteten Funktionenraumes gilt (für $-1 < x < 1$):

$$f(x) = \sum_{n=0}^{\infty} c_n \cdot P_n(x).$$

Dabei sind wir jetzt, wie bereits mehrfach angedeutet wurde, etwas unschärfer vorgegangen und haben die Normierung auf die Koeffizienten c_n übertragen, was ja ohne weiteres möglich ist.

Ganz genau muß man noch $P_n(x)$ durch $\sqrt{\frac{2}{2n+1}}$ dividieren, da

$$\int_{-1}^{1} \left[P_n(x)\right]^2 dx = \frac{2}{2n+1} \quad \text{ist.}$$

Für praktische Anwendungen wesentlich ist die Rekursionsvorschrift

$$(n+1)\, P_{n+1}(x) - (2n+1)\, x\, P_n(x) + n\, P_{n-1}(x) = 0, \quad n = 1,2,\ldots$$

Ausgehend von $P_0(x) = 1$ und $P_1(x) = x$ kann man hieraus $P_2(x)$, $P_3(x)$, ... bequem berechnen.

Als Beispiel geben wir die Entwicklung einer Funktion mit einer Unstetigkeitsstelle im Nullpunkt an:

$$f(x) = \begin{cases} 0 & \text{für} \quad -1 \leq x < 0, \\ \frac{1}{2} & \text{für} \quad x = 0, \\ 1 & \text{für} \quad 0 < x \leq 1. \end{cases}$$

Dann gilt für $-1 < x < 1$:

$$f(x) = \frac{1}{2} - \frac{1}{2} \sum_{n=1}^{\infty} \left[P_{n+1}(0) - P_{n-1}(0)\right] P_n(x).$$

Die <u>Laguerreschen Polynome</u> erhält man für das Intervall $[0,\infty]$ und die Gewichtsfunktion $\varphi(x) = e^{-x}$. Sie besitzen die Gestalt

$$L_n(x) = e^x \frac{d^n}{dx^n} (e^{-x} x^n) = \sum_{k=0}^{n} (-1)^k \frac{n!}{k!} \binom{n}{k} x^k$$

und beginnen mit

$$L_0(x) = 1,$$
$$L_1(x) = 1 - x,$$
$$L_2(x) = 2 - 4x + x^2, \ldots$$

Da

$$\int_0^\infty e^{-x} L_i(x)\, L_k(x)\, dx = \begin{cases} 0 & \text{für } i \neq k, \\ 1 & \text{für } i = k \end{cases}$$

gilt, ist keine weitere Normierung notwendig .
Die Funktionen

$$L_n^*(x) = e^{\frac{-x}{2}} L_n(x)$$

bilden ein vollständiges Orthonormalsystem im Intervall $[0,\infty]$ für $\varphi(x) = 1$.

Die Hermiteschen Polynome entstehen für das Intervall $[-\infty,\infty]$ und die Gewichtsfunktion $\varphi(x) = e^{-x^2}$.
Sie besitzen die Gestalt

$$H_n(x) = (-1)^n e^{x^2} \frac{d^n}{dx^n} (e^{-x^2})$$

und beginnen mit

$$H_0(x) = 1,$$
$$H_1(x) = 2x,$$
$$H_2(x) = 4x^2 - 2 \ldots$$

Die Rekursionsbeziehung

$$H_{n+1}(x) - 2x\, H_n(x) + 2n\, H_{n-1}(x) = 0, \quad n = 1,2,\ldots,$$

erlaubt die sukzessive Berechnung aufeinanderfolgender Polynome aus $H_o(x) = 1$ und $H_1(x) = 2x$.

Für die Gewichtsfunktion $\varphi(x) = 1$ erhält man hieraus ein Orthonormalsystem, indem man

$$H_n^*(x) = \frac{H_n(x)\, e^{-\frac{1}{2}x^2}}{\sqrt{2^n \cdot n!\, \sqrt{\pi}}}$$

setzt.

Es gilt nämlich:

$$\int_{-\infty}^{\infty} H_m(x)\, H_n(x)\, e^{-x^2}\, dx = 0 \qquad \text{für } m \neq n;$$

$$\int_{-\infty}^{\infty} H_n^2(x)\, e^{-x^2}\, dx = 2^n\, n!\, \sqrt{\pi} \qquad \text{für } n = 0,1,2,\ldots;$$

woraus sofort

$$\int_{-\infty}^{\infty} H_m^*(x)\, H_n^*(x)\, dx = 0 \qquad \text{für } m \neq n$$

und

$$\int_{-\infty}^{\infty} \left[H_n^*(x)\right]^2 dx = 1 \qquad \text{für } n = 0,1,2,\ldots$$

folgt.

Sehr häufig werden auch Approximationen mit Hilfe von <u>Tschebyscheff-Polynomen</u> angewendet.

Sie sind definiert durch

$$T_n(x) = \frac{(-1)^n}{1\cdot 3\cdot 5\cdot \ldots \cdot (2n-1)} \sqrt{1-x^2}\, \frac{d^n}{dx^n} (1-x^2)^{n-\frac{1}{2}} \quad \text{für } n = 0,1,2,\ldots$$

und beginnen mit

$$T_o(x) = 1, \quad T_1(x) = x, \quad T_2(x) = 2x^2-1, \; \ldots \; .$$

Die Rekursionsformel

$$T_{n+1}(x) - 2x\, T_n(x) + T_{n-1}(x) = 0$$

ermöglicht die Berechnung aufeinanderfolgender Polynome mit Hilfe von zwei bekannten Polynomen $T_{n-1}(x)$ und $T_n(x)$.

Die Orthogonalität für das Intervall $[-1,1]$ mit der Gewichtsfunktion $\frac{1}{\sqrt{1-x^2}}$ und die entsprechenden Normierungen folgen aus den Gleichungen

$$\int_{-1}^{1} T_i(x)\, T_j(x)\, \frac{1}{\sqrt{1-x^2}}\, dx = 0 \qquad \text{für } i \neq j,$$

$$\int_{-1}^{1} T_o^2(x)\, \frac{1}{\sqrt{1-x^2}}\, dx = \pi,$$

$$\int_{-1}^{1} T_n^2(x)\, \frac{1}{\sqrt{1-x^2}}\, dx = \frac{\pi}{2} \qquad \text{für } n = 1,2,\ldots .$$

Sehr umfangreich und kompliziert ist die Theorie der <u>Bessel-Funktionen.</u> Auch hier beschränken wir uns auf einfachste Zusammenhänge und Definitionen.

Die Summe der Reihe

$$J_p(x) = \sum_{k=0}^{\infty} \frac{(-1)^k}{k!\,\Gamma(p+k+1)} \left(\frac{x}{2}\right)^{p+2k}$$

für $|x| < \infty$, $|\arg x| < \pi$, p beliebige komplexe Zahl, heißt Bessel-Funktion 1. Art p-ter Ordnung.
Wir beschränken uns auf natürliche Zahlen p = n und erhalten

$$J_n(x) = \sum_{k=0}^{\infty} \frac{(-1)^k}{k!\,(n+k)!} \left(\frac{x}{2}\right)^{n+2k}, \quad n = 0,1,2,\ldots$$

Speziell für n = 0 und n = 1 ergibt sich hieraus

$$J_o(x) = 1 -(\frac{x}{2})^2 + \frac{1}{4}(\frac{x}{2})^4 - \frac{1}{36}(\frac{x}{2})^6 + \ldots$$

$$J_1(x) = \frac{x}{2} (1 - \frac{1}{2}(\frac{x}{2})^2 + \frac{1}{12}(\frac{x}{2})^4 - \frac{1}{144}(\frac{x}{2})^6 + \ldots)$$

Auch hier existiert für alle nachfolgenden Funktionen eine Rekursionsbeziehung:

$$J_{n-1}(x) + J_{n+1}(x) = \frac{2n}{x} J_n(x), \qquad n = 1,2,\ldots$$

Die Berechnung der Funktionen durch gewisse Integrale ist ebenfalls möglich; es gilt (für Re x > 0) beispielsweise:

$$J_n(x) = \frac{1}{\pi} \int_0^{\pi} \cos(nt - x \cdot \sin t)\, dt \qquad \text{für } n = 0,1,2,\ldots,$$

bzw.

$$J_{2n}(x) = \frac{2}{\pi} \int_0^{\pi} \cos(x \sin t) \cos 2nt\, dt \qquad \text{für } n = 0,1,2,\ldots,$$

und

$$J_{2n+1}(x) = \frac{2}{\pi} \int_0^{\pi} \sin(x \sin t)\sin (2n+1)t\, dt \quad \text{für } n = 0,1,2,\ldots$$

Die Funktionen

$$\sqrt{2n} \cdot J_n(x) \qquad \text{für } n = 1, 3, 5, \ldots$$

bzw.

$$\sqrt{2n} \cdot J_n(x) \qquad \text{für } n = 2, 4, 6, \ldots$$

bilden jeweils ein vollständiges Orthonormalsystem für das Intervall $[0,\infty]$ und die Gewichtsfunktion $\varphi(x) = \frac{1}{x}$.

Als Beispiel sei die Berechnung des Spektrums einer phasenmodulierten Schwingung mit der Zeitfunktion

$$u(t) = \hat{U}_0 \sin(\Omega_0 t - \Delta\Phi \cos\omega t)$$

betrachtet, wobei $\Delta\Phi$ der Phasenhub ist. Hierfür kann man auch

$$u(t) = \operatorname{Im}\{\hat{U}_0\, e^{j\Omega_0 t} \cdot e^{-j\Delta\Phi\cos\omega t}\}$$

schreiben.
Wir entwickeln den letzten Faktor in der geschweiften Klammer in eine Potenzreihe (gemäß $e^z = \sum_{n=0}^{\infty} \frac{z^n}{n!}$):

$$e^{-j\Delta\Phi\cos\omega t} = 1 - j\Delta\Phi\cos\omega t + \frac{1}{2!}\, j^2(\Delta\Phi)^2\cos^2\omega t - \dots$$

und zerlegen die Potenzen der Cosinus-Funktion in Summen der vielfachen Argumente:

$$\cos^2\omega t = \frac{1}{2} + \frac{1}{2}\cos 2\omega t\,,$$

$$\cos^3\omega t = \frac{3}{4}\cos\omega t + \cos 3\omega t\,, \dots$$

Man erhält $\quad e^{-j\Delta\Phi\cos\omega t} =$

$$\left[1 - \left(\frac{\Delta\Phi}{2}\right)^2 + \frac{1}{4}\left(\frac{\Delta\Phi}{2}\right)^4 - \dots\right] -$$

$$-2j\left[\frac{\Delta\Phi}{2} - \frac{1}{2}\left(\frac{\Delta\Phi}{2}\right)^3 + \frac{1}{12}\left(\frac{\Delta\Phi}{2}\right)^5 - \dots\right]\cos\omega t +$$

$$+ 2j^2\left[\frac{1}{2}\left(\frac{\Delta\phi}{2}\right)^2 - \frac{1}{6}\left(\frac{\Delta\phi}{2}\right)^4 + \frac{1}{48}\left(\frac{\Delta\phi}{2}\right)^6 + \dots\right] \cos 2\omega t -$$

$$- 2j^3\left[\dots\right] \cos 3\omega t + \dots$$

In den eckigen Klammern stehen die Reihenentwicklungen der Besselschen Funktion 1. Art J_o $(\Delta\phi)$ ..., d. h.

$$u(t) = \mathrm{Im}\left\{U_o\left[\cos\Omega_o t + j\sin\Omega_o t\right] \cdot \right.$$

$$\cdot\ J_o(\Delta\phi) - 2j\, J_1(\Delta\phi) \cos\omega t +$$

$$\left. + 2j^2\, J_2(\Delta\phi) \cos 2\omega t - \dots\right]\Big\} .$$

Zieht man die Imaginärglieder heraus und entwickelt die entstehenden Produkte der Sinus- und Cosinus-Funktionen nach den entsprechenden Additionstheoremen, so folgt endgültig für die gesuchte Spektraldarstellung

$$u(t) = \hat{U}_o \left\{ J_o\,(\Delta\phi) \sin\Omega t - \right.$$

$$- J_1(\Delta\phi)\left[\cos(\Omega_o + \omega)t + \cos(\Omega_o - \omega)t\right] -$$

$$- J_2(\Delta\phi)\left[\sin(\Omega_o + 2\omega)t + \sin(\Omega_o - 2\omega)t\right] +$$

$$\left. + J_3(\Delta\phi)\left[\cos(\Omega_o + 3\omega)t + \cos(\Omega_o - 3\omega)t\right] + \dots\right\}.$$

Abb. 25 zeigt die grafische Darstellung der Bessel-Funktionen $J_n(\Delta\phi)$. Wir erkennen, daß die Spektralverteilung bei gegebenem $\Delta\phi$ einem Schnitt durch dieses "Besselgebirge" im Abstand $\Delta\phi$ parallel zur n-J_n-Ebene entspricht. Maßgebend für die Spektralverteilung ist also lediglich der Phasenhub $\Delta\phi$.

Man kann diese Bessel-Funktionen auch experimentell aufnehmen: Hierzu wird die jeweilige Spektralfrequenz mit einem Filter herausgesiebt und in Abhängigkeit vom Phasenhub die zugehörige Spektralamplitude aufgenommen. So entstanden die Darstellungen der Abb. 26.

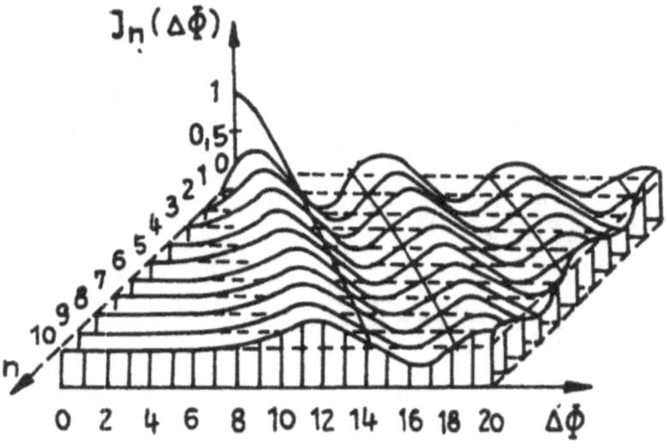

Abb. 25. Bessel-Funktionen $J_n(\Delta\Phi)$.

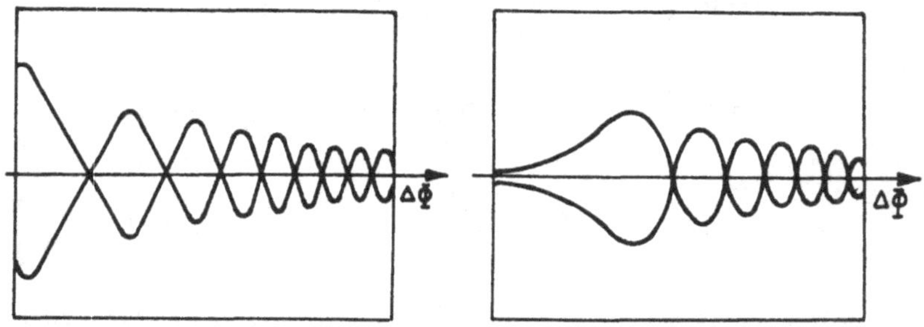

Abb. 26. Vom Oszillografen aufgenommene Bessel-Funktionen.

In Abb. 27 werden die Ergebnisse anhand von Zeigerbildern gedeutet: Wir beginnen mit dem zunächst unmodulierten Sender, der lediglich einen Träger ausstrahlt. Bei geringer Modulation ($\Delta\phi \ll 1$) treten praktisch nur zwei Seitenfrequenzen auf, die sich von der Trägerfrequenz um $\pm\,\omega$ unterscheiden und daher im Zeigerbild durch zwei Zeiger dargestellt werden, die mit $\pm\,\omega$ im mathematisch positiven bzw. negativen Sinn rotieren (Abb. 27). Sie setzen sich zu einer Resultierenden zusammen, deren Länge sich sinusförmig zwischen 0 und $2J_1(\Delta\phi)$ ändert. Da die beiden Seitenfrequenzen in der Phase um $\pi/2$ gegenüber dem Träger verschoben sind, liegt die Resultierende senkrecht zum Träger. Durch die Endpunkte der resultierenden Schwingung ist der Phasenhub $\Delta\phi$ festgelegt. Man kann ihn für kleine Winkel aus Abb. 27 ablesen zu

$$\Delta\phi \approx \frac{2J_1(\Delta\phi)}{J_0(\Delta\phi)}$$

Denselben Wert erhält man auch, wenn man die Bessel-Funktionen durch ihre Reihenentwicklungen ersetzt und wegen der Voraussetzung $\Delta\phi \ll 1$ bei dem ersten Glied abbricht:

$$J_0(\Delta\phi) \approx 1\,, \quad J_1(\Delta\phi) \approx \frac{\Delta\phi}{2}\,.$$

Vergrößert man $\Delta\phi$, so treten weitere Seitenfrequenzen auf, deren Zeiger mit $\pm\, n\omega$ gegenüber dem Träger rotieren. Auch sie kann man jeweils paarweise zu einer Resultierenden zusammenfassen, wobei die einzelnen Resultierenden jeweils senkrecht aufeinander stehen müssen. Man erhält so die in Abb. 28 dargestellten Zeigerbilder, wobei nur die Zeiten für den größten Winkel ($\Delta\phi$) dargestellt sind. Man erkennt, wie die nach den Bessel-Funktionen verteilten Spektralamplituden bewirken, daß sich der Augenblickszeiger auf einem Kreisbogen bewegt, d. h., daß sich nur die Phasenlage ändert, während die Amplitude konstant bleibt.

Damit haben wir also ein umfangreiches Material zur Verfügung, um reelle und komplexe Funktionen durch Fourier-Reihen - jetzt im weitesten Sinne zu verstehen - zu approximieren. Wichtig ist dabei die völlige begriffliche Gleichheit, die Unterschiede liegen nur in den konkreten Gegebenheiten.

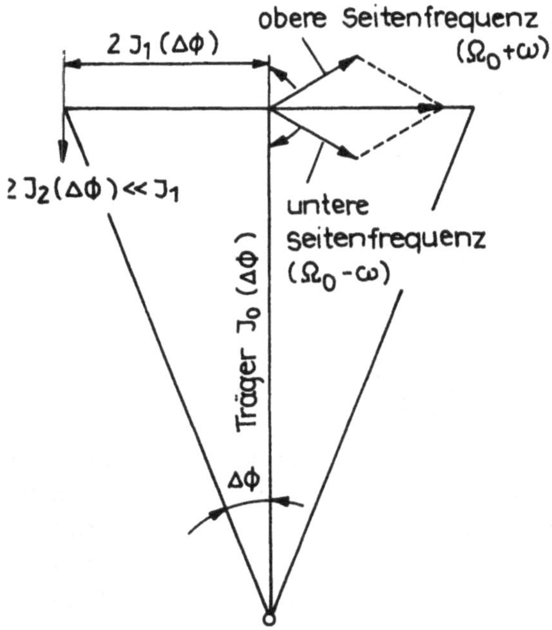

Abb. 27. Zeigerbild für $\Delta\phi \ll 1$.

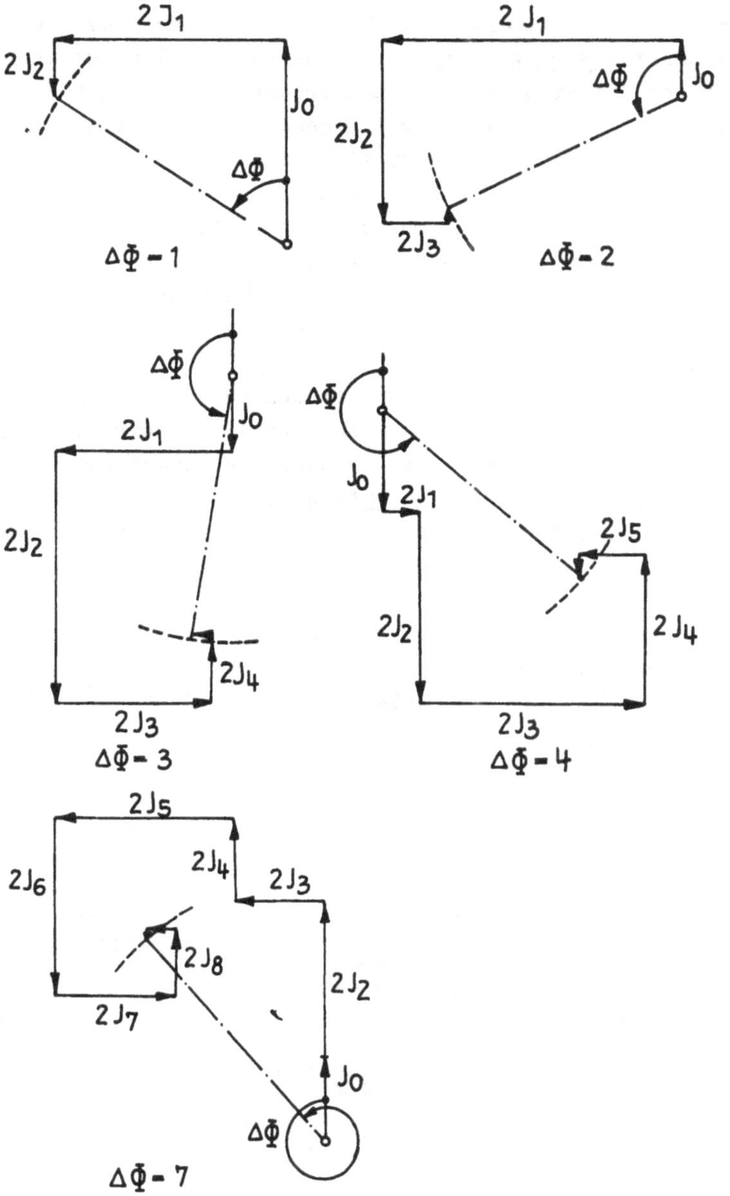

Abb. 28. Zeigerbilder für $\Delta\Phi = 1, \ldots, 7$.

4.3. Diskrete Orthonormalsysteme

Diese erwähnte begriffliche Gleichheit bleibt auch erhalten, wenn wir uns nunmehr diskreten Funktionen zuwenden wollen, deren Behandlung durch die Entwicklung der Mikroelektronik und Digitaltechnik im weitesten Sinne von überragender Bedeutung ist. Der Einsatz von Mikroprozessoren bereits in einfachen und kleinen Geräten und die damit verbundene Möglichkeit, numerische Verfahren zur Auswertung von Meßwerten, zur Filterung, zur Steuerung und Regelung an "Ort und Stelle" zu realisieren, eröffnen ein weites Anwendungsgebiet für diskrete Funktionen, die ja durch die Datenstruktur im Rechner notwendigerweise zugrunde gelegt werden müssen.

Der Zugang zu solchen diskreten Funktionen ist natürlich außerordentlich vielfältig. Für einen Techniker werden sie fast immer mit dem Begriff des Messens oder Abtastens verbunden sein, mit einer Wandlung von analogen in digitale Größen (vgl. Abb. 29). Es ist aber in gleicher Weise auch möglich, die zu betrachtenden Funktionen f(x) so zu definieren, daß etwa x eine natürliche Zahl ist (x = 0, 1, 2, ...) und die Werte f(x) ganze Zahlen sein können (f = 0, ± 1, ± 2, ...), also eindeutige Abbildungen von $\underline{N}$ in $\underline{G}$ betrachtet werden. Häufig werden wir den Betrachtungen auch endliche Teilmengen von $\underline{N}$ zugrunde legen.

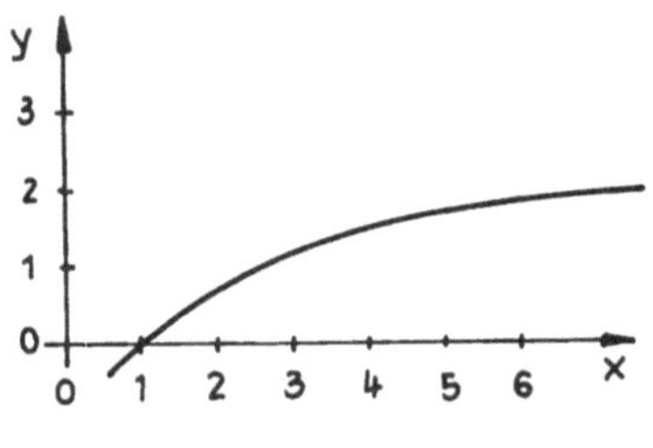

a) die stetige Funktion y = ln x

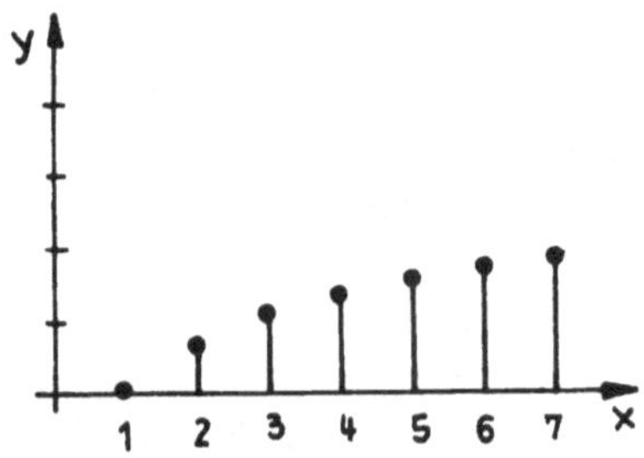

b) Die Funktion y = ln x wird in den Punkten x = 1, 2, 3, 4, ... abgetastet; der y-Wert ist weiterhin eine reelle Zahl.

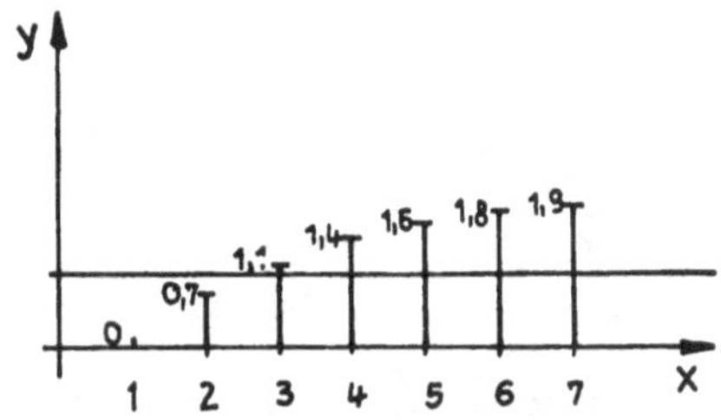

c) Die y-Werte sind ebenfalls quantisiert ($\Delta y = 0,1$).

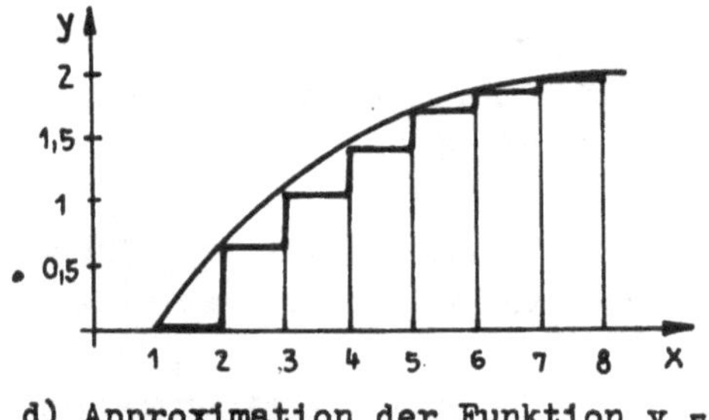

d) Approximation der Funktion y = ln x durch eine Impulsfolge.

Abb. 29. Die Approximation einer stetigen Funktion durch eine Impulsfolge

Wir wollen unsere Betrachtungen mit Funktionen beginnen, die für die Werte 0, 1, 2, ..., 2^m-1 definiert sind und dort die Werte 0, 1, ..., 2^k-1 annehmen können. Zum leichteren Anschluß an frühere Betrachtungen wollen wir solche Funktionen f(x) betrachten, die nicht nur in den Punkten 0, 1, ..., 2^m-1 definiert sind, sondern wir wollen sie als konstant ansehen in den Intervallen $i \leq x < i+1$, i = 0, 1, ..., 2^m-1 (siehe Abb. 30).

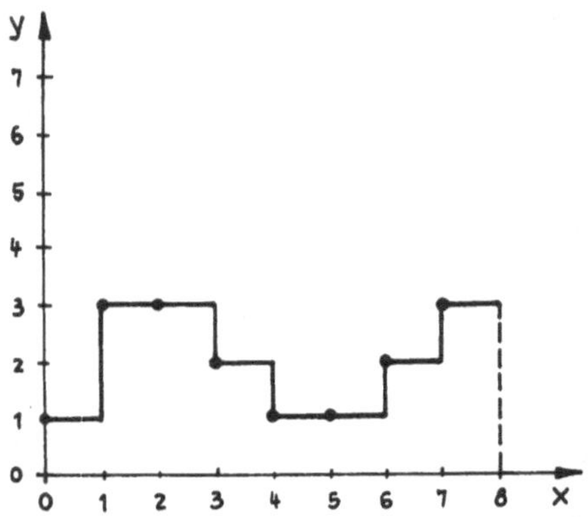

f(0) = 1
f(1) = 3
f(2) = 3
f(3) = 2
f(4) = 1
f(5) = 1
f(6) = 2
f(7) = 3

m = 3

Abb. 30. Eine stückweise konstante Funktion im Intervall $[0, 2^3]$

Die Ganzzahligkeit der Funktionswerte ist dabei keine wesentliche Einschränkung, weil sie sich durch Normierung (d. h. durch entsprechende Abbildungen!) stets erreichen läßt.

Die Konstruktion eines geeigneten Orthonormalsystems führen wir für m = 3 vor, woraus sich ohne Schwierigkeiten der allgemeine Fall ergibt.
Zunächst benötigen wir hierzu die Darstellung einer natürlichen Zahl als Dualzahl, die wir in folgender Form vereinbaren wollen:

Ist $(z_o, z_1 \ldots z_{m-2}\, z_{m-1})$ eine m-stellige Dualzahl ($z_i \in \{0,1\}$ für $i = 0, \ldots, m-1$), so stellt sie die natürliche Zahl

$$Z = \sum_{i=0}^{m-1} z_i \cdot 2^{m-1-i} = z_o \cdot 2^{m-1} + \ldots + z_{m-1} \cdot 2^o$$

dar.
Für m = 3 müssen wir demzufolge die Zahlen 0, 1, ..., 7 dual kodieren:

x	0	1	2	3	4	5	6	7	
x_o	0	0	0	0	1	1	1	1	2^2
x_1	0	0	1	1	0	0	1	1	2^1
x_2	0	1	0	1	0	1	0	1	2°

Hieraus bilden wir die sogenannten Rademacher-Funktionen $R_i(x)$:

$$R_o(x) = 1\,,$$

$$R_i(x) = (-1)^{x_{i-1}} \qquad \text{für } i = 1, 2, 3\,.$$

Da wir für die Komponenten x_i nur die Werte 0 und 1 vorfinden und

$$(-1)^o = 1, \quad (-1)^1 = -1$$

gilt, treten als Funktionswerte nur die Werte +1 und -1 auf; anders gesagt, die Rademacher-Funktionen entstehen aus den Zeilen für die Komponenten x_i, falls man jeden Wert 0 durch 1, jeden Wert 1 durch -1 ersetzt und $R_o(x) = 1$ verwendet:

		$R_o(x)$:	1 1 1 1 1 1 1 1
x_o	0 0 0 0 1 1 1 1	$R_1(x)$:	1 1 1 1 -1 -1 -1 -1
x_1	0 0 1 1 0 0 1 1	$R_2(x)$:	1 1 -1 -1 1 1 -1 -1
x_2	0 1 0 1 0 1 0 1	$R_3(x)$:	1 -1 1 -1 1 -1 1 -1

Abb. 31 zeigt diese vier Rademacher-Funktionen.

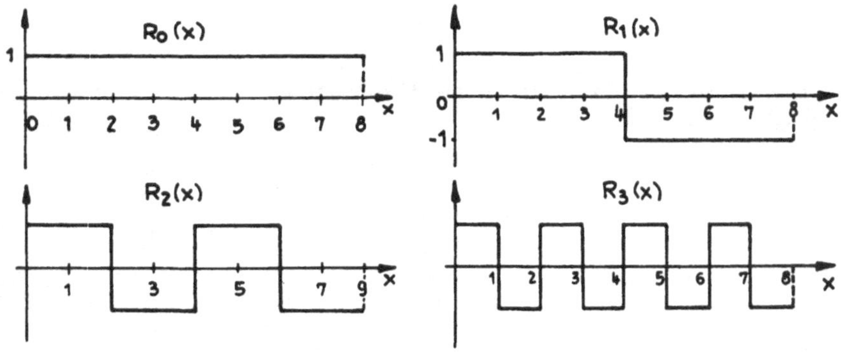

Abb. 31. Die Rademacher-Funktionen $R_o(x)$, ... $R_3(x)$ für m = 3.

Für spätere Verallgemeinerungen halten wir noch die folgende Definition fest:

$$R_i(x) = \exp\,(j \cdot \frac{2\pi}{2} \cdot x_{i-1}) \cdot$$

Dabei bezeichnet exp(z) die Funktion e^z, und es gilt:

$$e^{j\varphi} = \cos \varphi + j \sin \varphi ,$$

also:

$$R_i(x) = \cos \pi \cdot x_{i-1} + j \sin \pi \cdot x_{i-1} \quad .$$

Es treten also hier die Funktionswerte

$$\cos 0 = 1, \; \cos \pi = -1, \; \sin 0 = \sin \pi = 0$$

auf, und es zeigt sich die Gleichwertigkeit der Definitionen.

Die Verallgemeinerung auf größere m geschieht so, daß man:

a) stets $R_o(x) = 1$ für alle x setzt;

b) die Zahlen von 0 bis 2^m-1 als m-stellige Dualzahlen darstellt;

c) daraus die Funktionen $R_1(x)$ bis $R_m(x)$ gemäß Definition herstellt.

Diese Rademacher-Funktionen verwenden wir jetzt zur Definition der <u>Walsh-Funktionen</u> $W_k(x)$; hierzu stellen wir den Index k ebenfalls als Dualzahl dar:

$$k = k_o \cdot 2^{m-1} + k_1 \cdot 2^{m-2} + \ldots + k_{m-1} \cdot 2^o$$

für den Binärvektor $(k_o, \ldots, k_{m-1})$.

Für die Walsh-Funktion $W_k(x)$ gilt dann:

$$W_k(x) = \prod_{i=1}^{m} R_i(x)^{k_{m-i}} = R_1(x)^{k_{m-1}} R_2(x)^{k_{m-2}} \ldots \cdot R_m(x)^{k_o}.$$

Anders gesagt, den Dualziffern k_{m-i} werden die Rademacher-Funktionen $R_i(x)$ zugeordnet; für $W_k(x)$ werden alle die Rademacher-Funktionen R_i miteinander multipliziert, deren zugeordnetes $k_{m-i} = 1$ ist.

Für m = 3 folgt daraus:

k	k_o	k_1	k_2	$R_3(x)^{k_o}$	$\cdot R_2(x)^{k_1}$	$\cdot R_1(x)^{k_2}$	$W_k(x)$
0	0	0	0	1	. 1	. 1	1
1	0	0	1	1	. 1	. $R_1(x)$	$R_1(x)$
2	0	1	0	1	. $R_2(x)$	. 1	$R_2(x)$
3	0	1	1	1	. $R_2(x)$	. $R_1(x)$	$R_1(x).R_2(x)$
4	1	0	0	$R_3(x)$	. 1	. 1	$R_3(x)$
5	1	0	1	$R_3(x)$	. 1	. $R_1(x)$	$R_1(x).R_3(x)$
6	1	1	0	$R_3(x)$	. $R_2(x)$	. 1	$R_2(x).R_3(x)$
7	1	1	1	$R_3(x)$	. $R_2(x)$	. $R_1(x)$	$R_1(x).R_2(x).R_3(x)$

Abb. 32 zeigt die acht verschiedenen Walsh-Funktionen für m = 3.

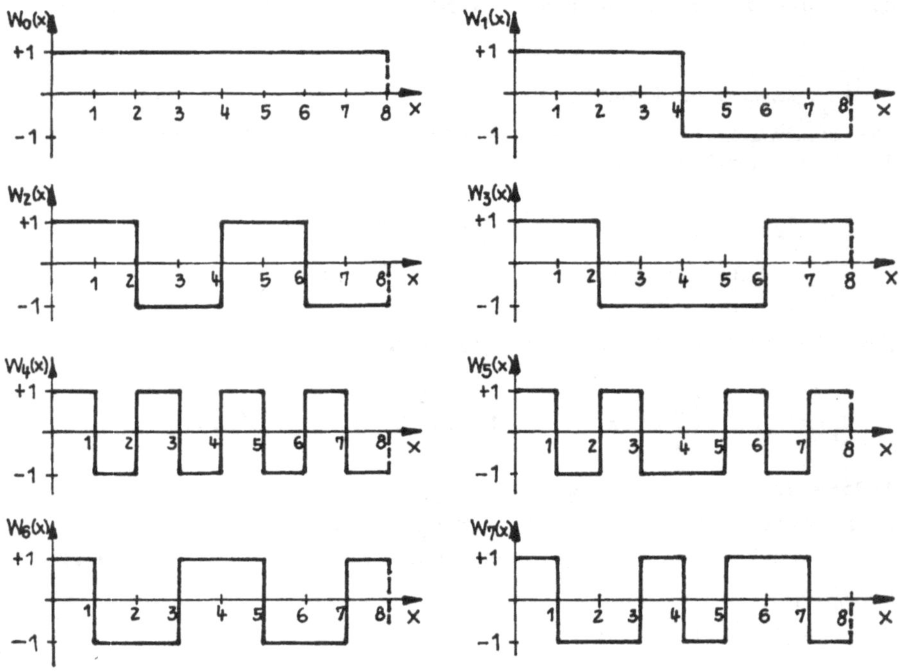

Abb. 32. Walsh-Funktionen für m = 3.

Man erkennt sofort, daß die Rademacher-Funktionen als Spezialfall unter diesen Walsh-Funktionen vorkommen, nämlich für solche k, deren Binärdarstellung nur eine einzelne Eins enthält:

$$R_i(x) = W_{2^{i-1}}(x) \qquad \text{für } i = 1, \ldots, m;$$

$$R_o(x) = W_o(x).$$

Häufig verwendet man die Darstellung der Walsh-Funktionen durch Vektoren, die die Funktionswerte enthalten, und faßt diese zu

Matrizen zusammen, die als Hadamard-Matrizen bezeichnet werden.
Für m = 3 ergibt sich eine Matrix W_3 folgender Gestalt (vgl. Abb. 32):

$$W_3 = \begin{pmatrix} +1 & +1 & +1 & +1 & +1 & +1 & +1 & +1 \\ +1 & +1 & +1 & +1 & -1 & -1 & -1 & -1 \\ +1 & +1 & -1 & -1 & +1 & +1 & -1 & -1 \\ +1 & +1 & -1 & -1 & -1 & -1 & +1 & +1 \\ +1 & -1 & +1 & -1 & +1 & -1 & +1 & -1 \\ +1 & -1 & +1 & -1 & -1 & +1 & -1 & +1 \\ +1 & -1 & -1 & +1 & +1 & -1 & -1 & +1 \\ +1 & -1 & -1 & +1 & -1 & +1 & +1 & -1 \end{pmatrix} \quad \begin{matrix} W_0(x) \\ W_1(x) \\ W_2(x) \\ W_3(x) \\ W_4(x) \\ W_5(x) \\ W_6(x) \\ W_7(x) \end{matrix}$$

Diese Anordnung der Walsh-Funktionen (auch als Paley-System bezeichnet) bietet die Möglichkeit, sich iterativ für wachsendes m die entsprechenden Funktionensysteme zu verschaffen.
Man beginnt mit

$$W_1 = \begin{pmatrix} +1 & +1 \\ +1 & -1 \end{pmatrix}$$

Zur Erzeugung von W_2 wird jede Zeile von W_1 verdoppelt und danach die Zeile einmal ungeändert und einmal mit umgekehrten Vorzeichen angefügt.

$$\begin{pmatrix} +1 & +1 \\ +1 & -1 \end{pmatrix} \longrightarrow \begin{pmatrix} +1 & +1 \\ +1 & +1 \\ +1 & -1 \\ +1 & -1 \end{pmatrix} \longrightarrow \begin{pmatrix} +1 & +1 & +1 & +1 \\ +1 & +1 & -1 & -1 \\ +1 & -1 & +1 & -1 \\ +1 & -1 & -1 & +1 \end{pmatrix} = W_2$$

Die entstandene Matrix W_2 enthält die Walsh-Funktionen für m = 2. Verfährt man mit W_2 in gleicher Weise, so entsteht W_3 usw.

Eine andere Anordnung der Walsh-Funktionen ergibt sich, wenn man das <u>Kronecker-Produkt</u> von Hadamard-Matrizen verwendet.
Man beginnt wiederum mit der Matrix W_1 und erklärt das Kronecker-Produkt $W_1 \otimes W_1$ in folgender Weise:

$$W_2^H = W_1 \otimes W_1 = \begin{pmatrix} w_{11} \cdot W_1 & w_{12} \cdot W_1 \\ w_{21} \cdot W_1 & w_{22} \cdot W_1 \end{pmatrix}$$

Man multipliziert also jedes Element w_{ij} von W_1 mit der Matrix W_1 und fügt alle so entstandenen Matrizen zu einer neuen Matrix $W_2{}^H$ zusammen:

$$\begin{pmatrix} +1 & +1 \\ +1 & -1 \end{pmatrix} \otimes \begin{pmatrix} +1 & +1 \\ +1 & -1 \end{pmatrix} = \left(\begin{array}{cc|cc} +1 & +1 & +1 & +1 \\ +1 & -1 & +1 & -1 \\ \hline +1 & +1 & -1 & -1 \\ +1 & -1 & -1 & +1 \end{array}\right) = \begin{pmatrix} W_1 & W_1 \\ W_1 & -W_1 \end{pmatrix}$$

Da alle w_{ij} nur die Werte +1 bzw. -1 annehmen können, läuft das Kronecker-Produkt darauf hinaus, daß man jeweils die Matrix $W_i{}^H$ ungeändert oder mit umgekehrtem Vorzeichen verwendet, um W_{i+1}^H zu erzeugen.
Es entstehen selbstverständlich die gleichen Funktionen, nur in einer anderen Anordnung.
Diese verschiedenen Möglichkeiten der Erzeugung und Anordnung haben viele interessante Eigenschaften, Vor- und Nachteile, die aber hier nur von speziellem Interesse sind.
Deshalb kehren wir zurück zu unserem eigentlichen Anliegen und halten fest, daß die Menge der 2^m Walsh-Funktionen im Raum der stückweise-konstanten Funktionen über dem Intervall $0 \leq x < 2^m$ ein vollständiges Orthonormalsystem bildet.
Es gilt:

$$\sum_{x=0}^{2^m-1} W_i(x) \cdot W_j(x) = \begin{cases} 2^m & \text{für } i = j\,, \\ 0 & \text{für } i \neq j\,. \end{cases}$$

Die Integration, mit der das Skalarprodukt ja an sich definiert ist, wird hier zur Summe, wie man leicht überprüfen kann. Genauso möglich ist aber auch die direkte Verwendung des Skalarproduktes der Vektoren der entsprechenden Funktionen.
Als Spezialfall ergibt sich hieraus für $W_i(x) = W_o(x) = 1$, daß

$$\sum_{x=0}^{2^m-1} W_j(x) = 0$$

ist, d. h., die Funktionswerte +1 und -1 treten gleichoft auf.

Nunmehr können wir jede Funktion f(x) der betrachteten Funktionenklasse in ihre Fourier-Reihe bzgl. der entsprechenden Walsh-Funktionen entwickeln:

$$f(x) = \sum_{k=0}^{2^m-1} a_k W_k(x),$$

$$a_k = 2^{-m} \sum_{x=0}^{2^m-1} f(x) W_k(x).$$

Betrachten wir als Beispiel noch einmal Abb. 30 und stellen f(x) ebenfalls als Vektor dar. Dann können wir leicht die Skalarprodukte zwischen den entsprechenden Vektoren bilden:

x	0	1	2	3	4	5	6	7	
f(x)	1	3	3	2	1	1	2	3	
	1	1	1	1	1	1	1	1	W_o
	1	1	1	1	-1	-1	-1	-1	W_1
	1	1	-1	-1	1	1	-1	-1	W_2
	1	1	-1	-1	-1	-1	1	1	W_3
	1	-1	1	-1	1	-1	1	-1	W_4
	1	-1	1	-1	-1	1	-1	1	W_5
	1	-1	-1	1	1	-1	-1	1	W_6
	1	-1	-1	1	-1	1	1	-1	W_7

$a_0 = (f, W_0) = 2^{-3} \cdot 16,$ $a_1 = (f, W_1) = 2^{-3} \cdot 2,$

$a_2 = (f, W_2) = 2^{-3} \cdot (-4),$ $a_3 = (f, W_3) = 2^{-3} \cdot 2,$

$a_4 = (f, W_4) = 2^{-3} \cdot (-2),$ $a_5 = (f, W_5) = 2^{-3} \cdot 0,$

$a_6 = (f, W_6) = 2^{-3} \cdot (-2),$ $a_7 = (f, W_7) = 2^{-3} \cdot (-4).$

Also entsteht die folgende Fourier-Reihe:

$$f(x) = \frac{1}{2^3} (16\ W_0 + 2\ W_1 - 4\ W_2 + 2\ W_3 - 2\ W_4 - 2\ W_6 - 4\ W_7).$$

Demzufolge erhält man folgendes Walsh-Spektrum:

$$W(f) = \frac{1}{2^3} (16, 2, -4, 2, -2, 0, -2, -4).$$

Ersetzt man jede auftretende Walsh-Funktion gemäß Definition durch die entsprechenden Produkte von Rademacher-Funktionen, so entsteht eine Darstellung der Funktion f(x) durch Rademacher-Funktionen, wobei allerdings die Linearität der Entwicklung verlorengeht:

$$f(x) = \frac{1}{2^3} (16\ R_0 + 2\ R_1 - 4\ R_2 + 2\ R_1R_2 - 2\ R_3 - 2\ R_2R_3 - 4\ R_1R_2R_3)\ .$$

Das Berechnen aller Skalarprodukte von f und den 2^m Walsh-Funktionen ist aber relativ arbeitsaufwendig: für ein Skalarprodukt benötigt man 2^m Multiplikationen und 2^m-1 Additionen, also insgesamt

$2^m \cdot 2^m = 2^{2m}$ Multiplikationen

und $(2^m-1) \cdot 2^m$ Additionen.

Durch das folgende Rechenverfahren, das als <u>schnelle Fourier-Transformation</u> bezeichnet wird, läßt sich der Arbeitsaufwand bedeutend verringern.

Wir beginnen mit Koeffizienten $b_o(x)$ und setzen

$$b_o(x) = f(x), \quad b_o(2^{m-1} + x) = f(2^{m-1} + x)$$

für $x = 0, 1, \ldots, 2^{m-1}-1$.

Hieraus berechnet man sukzessive:

$$b_s(x) = b_{s-1}(2x) + b_{s-1}(2x + 1),$$

$$b_s(2^{m-1} + x) = b_{s-1}(2x) - b_{s-1}(2x + 1)$$

für $x = 0,1, \ldots, 2^{m-1}-1$ und $s = 1, \ldots, m$.

Aus $b_m(x)$ erhält man dann die gesuchten Fourier-Koeffizienten a_k:

$$a_k = 2^{-m} \cdot b_m(\bar{k}).$$

Dabei ist $\bar{k}$ diejenige Zahl, die man erhält, wenn man die Dualdarstellung von k in umgekehrter Reihenfolge aufschreibt.

Derartige"schnelle Fourier-Transformationen" spielen in der gesamten Informationstechnik eine hervorragende Rolle, so daß ihnen sehr viele Untersuchungen gewidmet wurden und eine Vielzahl von Algorithmen, Programmen und sogar speziellen Schaltkreisen zu ihrer Realisierung existiert. Deshalb soll das bereits berechnete Beispiel noch einmal mit Hilfe dieser Methode berechnet werden.

x	0	1	2	3	4	5	6	7
f(x)	1	3	3	2	1	1	2	3
	4;	-2	5;	+1	2;	0	5;	-1
$b_1(x)$	4	5	2	5	-2	1	0	-1
$b_2(x)$	9	7	-1	-1	-1	-3	-3	1
$b_3(x)$	16	-2	-4	-2	2	0	2	-4

$b_1(x)$ enthält zuerst die vier Summen benachbarter Elemente, anschließend steht die Differenz.

Zur Gewinnung der richtigen Reihenfolge der Fourier-Koeffizienten berechnen wir für alle k das zugehörige $\bar{k}$:

k	bin(k)	bin($\bar{k}$)	$\bar{k}$
0	0 0 0	0 0 0	0
1	0 0 1	1 0 0	4
2	0 1 0	0 1 0	2
3	0 1 1	1 1 0	6
4	1 0 0	0 0 1	1
5	1 0 1	1 0 1	5
6	1 1 0	0 1 1	3
7	1 1 1	1 1 1	7

Also werden $b_3(0)$, $b_3(2)$, $b_3(5)$ und $b_3(7)$ ungeändert verwendet, $b_3(1)$ muß mit $b_3(4)$, $b_3(3)$ mit $b_3(6)$ vertauscht werden, und es entsteht wiederum

$$W(f) = \frac{1}{2^3} (16, 2, -4, 2, -2, 0, -2, -4).$$

Für die Berechnung von $b_m(x)$ sind jetzt nur noch $m \cdot 2^{m-1}$ Additionen und Subtraktionen erforderlich.

Schließlich wollen wir die Fourier-Transformation mit Walsh-Funktionen noch in Matrixform vorstellen:

$$W(f) = 2^{-m} W_m \cdot f(x),$$

wobei man unter $W_m \cdot f$ jetzt das Produkt der Matrix W_m und des Spaltenvektors f(x) versteht.

Für unser Beispiel gilt:

$$W(f) = 2^{-3} \cdot W_3 \cdot \begin{pmatrix} 1 \\ 3 \\ 3 \\ 2 \\ 1 \\ 1 \\ 2 \\ 3 \end{pmatrix} = 2^{-3} \cdot \begin{pmatrix} 16 \\ -2 \\ -4 \\ -2 \\ 2 \\ 0 \\ 2 \\ -4 \end{pmatrix}.$$

Die schnelle Fourier-Transformation läßt sich darstellen mit Hilfe einer Matrix A_m, die m-mal mit dem Spaltenvektor f(x) bzw. mit dem Ergebnis der vorhergehenden Rechnung multipliziert wird, und mit Hilfe der bereits beschriebenen Umordnungsprozedur:

$$A_m = \begin{pmatrix} 1 & 1 & 0 & 0 & 0 & \dots & 0 & 0 & 0 \\ 0 & 0 & 1 & 1 & 0 & \dots & 0 & 0 & 0 \\ \cdot \\ \cdot \\ \cdot \\ 0 & 0 & 0 & 0 & 0 & \dots & 0 & 1 & 1 \\ 1 & -1 & 0 & 0 & 0 & \dots & 0 & 0 & 0 \\ 0 & 0 & 1 & -1 & 0 & \dots & 0 & 0 & 0 \\ \cdot \\ \cdot \\ \cdot \\ 0 & 0 & 0 & 0 & 0 & \dots & 0 & 1 & -1 \end{pmatrix}$$

Damit wollen wir die Behandlung der Walsh-Funktionen abschließen und uns weiteren diskreten Orthonormalsystemen zuwenden.

Das Orthonormalsystem der Haar-Funktionen wollen wir ebenfalls konstruktiv gewinnen, wobei wieder das Intervall $[0, 2^m]$ zugrunde gelegt wird.

1. Es sei $H_{oo}(x) = 1$.
2. Das Intervall $[0, 2^m]$ wird in 2^l gleichgroße Intervalle der Länge 2^{m-l} zerlegt, $l = 1, 2, \dots, m$.
3. Für jedes l werden die Intervalle von 1 bis 2^l zu Intervallpaaren zusammengefaßt, die von 1 bis 2^{l-1} durchnumeriert werden.
4. Die i-te Haar-Funktion der l-ten Stufe H_{li} entsteht, wenn

$$H_{li}(x) = \begin{cases} +1 & \text{im linken Intervall des i-ten Paares,} \\ -1 & \text{im rechten Intervall des i-ten Paares,} \\ 0 & \text{sonst} \end{cases}$$

gesetzt wird; $i = 1, \dots, 2^{l-1}$.

$H_{oo}(x)$ ist also der Spezialfall dieser Konstruktionsvorschrift für $l = 0$ (das Intervall wird nicht unterteilt). In der l-ten Stufe gibt es 2^{l-1} verschiedene Haar-Funktionen.

Der wesentliche Unterschied zu den Walsh-Funktionen besteht darin, daß die Haar-Funktionen nur "lokal" von Null verschieden sind, und zwar in benachbarten Intervallen.
Abb. 33 zeigt die Konstruktion der Haar-Funktionen für m = 3.

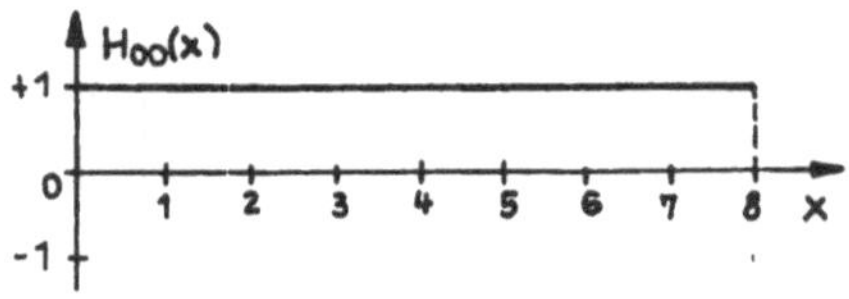

$H_{oo}(x)$ entsteht für $l=0$.

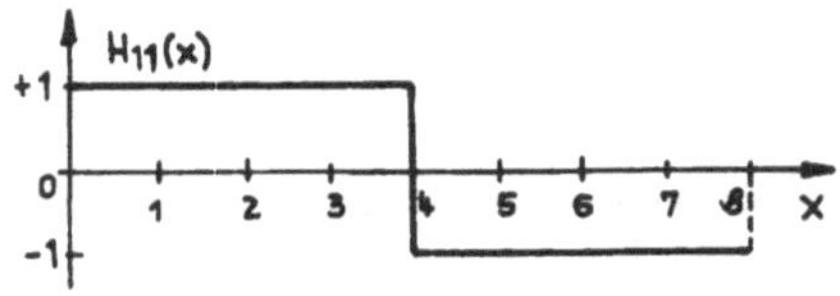

l=1: Zerlegung in 2 Intervalle der Länge 4.

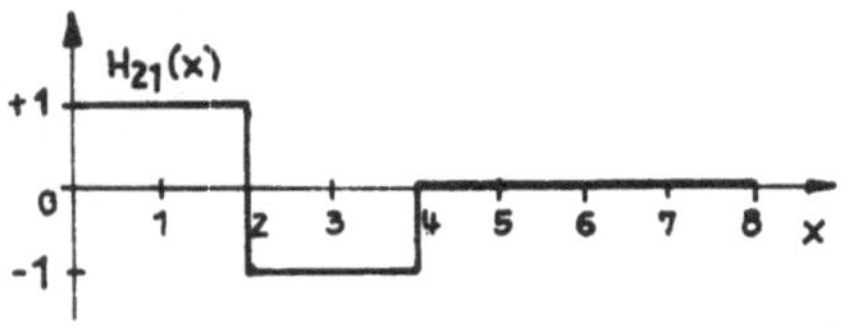

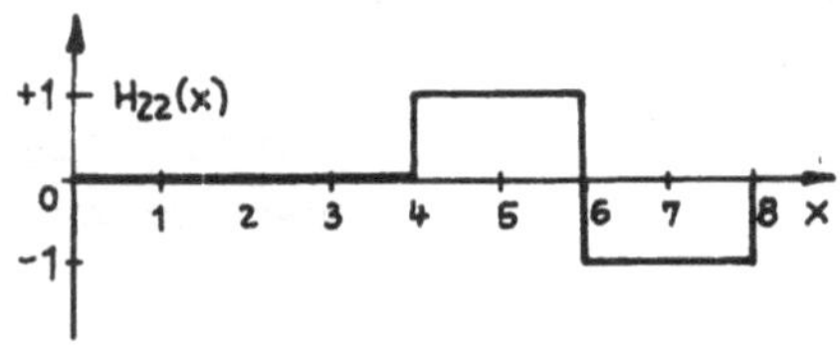

l=2: Zerlegung in 4 Intervalle der Länge 2; Zusammenfassung zu 2 Intervallpaaren, die zu $H_{21}(x)$ und $H_{22}(x)$ führen.

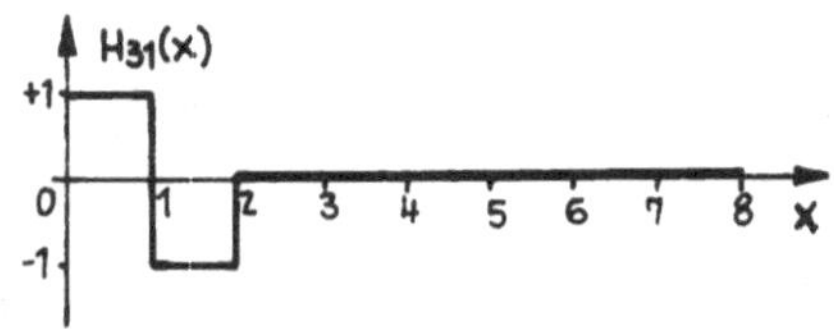

l=3: Zerlegung in 8 Intervalle der Länge 1; Zusammenfassung zu 4 Intervallpaaren, die zu $H_{31}(x)$, ..., $H_{34}(x)$ führen.

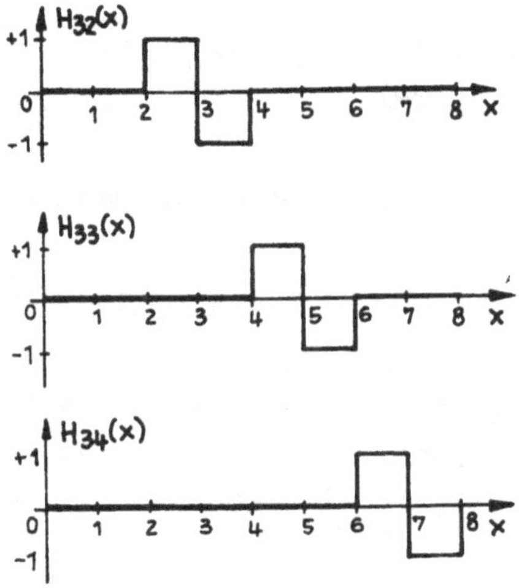

Abb. 33. Die Konstruktion der Haar-Funktionen für m = 3.

Das System der Haar-Funktionen bildet ebenfalls ein vollständiges Orthonormalsystem für das Intervall $[0, 2^m]$. Bei der Normierung muß man beachten, daß hier nicht für alle Funktionen der gleiche Faktor auftritt. Für $H_{oo}(x)$ ist er gleich 2^{-m}, für die Funktionen der l-ten Stufe, $l = 1, \ldots, m$, ist er gleich $2^{l-(m+1)}$.

Die entsprechende Fourier-Reihe besitzt folgende Gestalt:

$$f(x) = a_{oo}\, H_{oo}(x) + \sum_{l=1}^{m} \sum_{i=1}^{2^{l-1}} a_{li} \cdot H_{li}(x) .$$

Die auftretenden Fourier-Koeffizienten gewinnt man wie immer mit Hilfe des Skalarproduktes:

$$a_{oo} = 2^{-m}(f, H_{oo}) = 2^{-m} \sum_{x=0}^{2^m-1} f(x) \cdot H_{oo}(x),$$

$$a_{li} = 2^{l-(m+1)}(f, H_{li}) = 2^{l-(m+1)} \sum_{x=0}^{2^m-1} f(x) \cdot H_{li}(x).$$

Kehren wir noch einmal zu Abb. 30 zurück und berechnen das zugehörige Haar-Spektrum.
Man erhält:

$$\begin{aligned} a_{00} &= 2^{-3} \cdot 16\,, & a_{31} &= 2^{-1} \cdot (-2)\,, \\ a_{11} &= 2^{-3} \cdot 2\,, & a_{32} &= 2^{-1} \cdot 1\,, \\ a_{21} &= 2^{-2} \cdot (-1)\,, & a_{33} &= 2^{-1} \cdot 0\,, \\ a_{22} &= 2^{-2} \cdot (-3)\,, & a_{34} &= 2^{-1} \cdot (-1)\,. \end{aligned}$$

Damit gilt:

$$f(x) = \frac{1}{2^3} (16\, H_{00} + 2\, H_{11} - 2\, H_{21} - 6\, H_{22} - 8\, H_{31} + \\ + 4\, H_{32} - 4\, H_{34}),$$

wobei zur Vereinfachung der Darstellung der Faktor 2^{-3} ausgeklammert wurde.
Auf die Möglichkeit einer schnellen Fourier-Transformation bzgl. der Haar-Funktion sei hier nur hingewiesen.
Weiterhin wollen wir noch anmerken, daß die betrachteten Funktionensysteme der Rademacher-, Walsh- und Haar-Funktionen nicht nur über dem Intervall $[0,\, 2^m-1]$ betrachtet werden, sondern über beliebigen Intervallen $[0,\, T]$, wobei auch $T = 1$ häufig verwendet wird.
Die Vorgehensweise besteht in diesem Falle "einfach" darin, daß man das entsprechende Grundintervall in 2^m gleichgroße Teilintervalle zerlegt und die Funktionen ganz entsprechend verwendet.

Eine Vielzahl von Möglichkeiten für diskrete Fourier-Transformationen erhält man, wenn eine direkte Verallgemeinerung der Walsh-Funktionen vorgenommen wird.

Für die Rademacher-Funktion $R_i(x)$ hatten wir die Definition mit Hilfe von komplexen Exponentialfunktionen angegeben:

$$R_i(x) = \exp(j \cdot \frac{2\pi}{2} \cdot x_{i-1}).$$

Hieraus folgte:

$$W_k(x) = R_1(x)^{k_{m-1}} R_2(x)^{k_{m-2}} \ldots . R_m(x)^{k_o}.$$

Ersetzt man die $R_i(x)$ durch ihre Definition, so entsteht der folgende Ausdruck:

$$W_k(x) = \exp(j \cdot \frac{2\pi}{2} [x_o.k_{m-1} + x_1k_{m-2} + \ldots + x_{m-1}.k_o]).$$

Hierbei werden die Variablen x und die Parameter k als m-stellige Dualzahlen (also mit der Basis 2) angesehen (dargestellt) und nehmen demzufolge die Werte von 0 bis 2^m-1 an. Der Winkel 2π wird in zwei Teile unterteilt, es treten nur die beiden Funktionswerte

$$e^{j \cdot \frac{2\pi}{2} \cdot 0} = \cos 0 + j \sin 0 = +1$$

und

$$e^{j \cdot \frac{2\pi}{2} \cdot 1} = \cos\pi + j \sin\pi = -1$$

auf, die in der komplexen Ebene auf dem Einheitskreis um den Nullpunkt diametral zueinander auf der reellen Achse liegen.

Der wesentliche Parameter in dieser gesamten Vorgehensweise ist die Zahlenbasis 2. Wählen wir eine natürliche Zahl $p > 2$ als Basis, so können wir damit ein p-adisches Zahlensystem aufbauen.

Ein Vektor $(x_o, x_1, \ldots, x_{m-1})$ kann als p-adische Zahl interpretiert werden, wenn die Variablen x_i nur die Werte von 0 bis p-1 annehmen, $i = 1, \ldots, m-1$. Ihm entspricht dann die Zahl

$$x = x_op^{m-1} + x_1p^{m-2} + \ldots + x_{m-1}p^o.$$

Umgekehrt kann man aber auch jede natürliche Zahl eindeutig in ihre p-adische Darstellung überführen.
Am vertrautesten ist natürlich das Dezimalsystem für $p = 10$.
In der Rechentechnik weit verbreitet sind aber auch das Oktalsystem ($p = 8$) und das Hexadezimalsystem ($p = 16$), während für die Signalverarbeitung häufig der Fall von Interesse ist, daß $p > 2$ und eine Primzahl ist.

Zur Konstruktion der <u>diskreten Exponentialfunktionen,</u> häufig auch als <u>Chrestenson-Wilenkin-Funktionen</u> bezeichnet, legen wir also eine Basis p und eine Stellenzahl m fest und stellen alle x von 0 bis p^m-1 und die Indizes k der Funktionen als p-adische Zahlen dar:

$$x = x_o p^{m-1} + x_1 p^{m-2} + \dots + x_{m-1} p^o,$$

$$k = k_o p^{m-1} + k_1 p^{m-1} + \dots + k_{m-1} p^o.$$

Weiterhin wollen wir zur Vereinfachung das immer wiederkehrende $\exp(j \frac{2\pi}{p})$ durch E abkürzen.

Eine verallgemeinerte Rademacher-Funktion erhält man, wenn die p-adische Darstellung von k nur eine von Null verschiedene Komponente enthält:

$$B_{ri}(x) = E^{r\, x_i} .$$

Dabei läuft r von 1 bis p-1 und i von 0 bis m-1.

Die Chrestenson-Funktionen erhält man, genau wie die Walsh-Funktionen, als Produkte von Rademacher-Funktionen.
Wir können sie aber auch gleich auf direktem Wege definieren:

$$C_k(x) = E^{\sum_{i=0}^{m-1} k_{m-1-i} \cdot x_i}$$

Die festgewählte Basis p soll dabei nicht durch Indizes mit vermerkt werden - sie versteht sich, wenn sie einmal fixiert ist, von selbst.
Die Funktionswerte der Chrestenson-Funktionen sind also komplexe Zahlen auf dem Einheitskreis um den Nullpunkt der Gestalt

E^q, $q = 0, 1, \dots p-1$.

Die verallgemeinerten Rademacher-Funktionen sind natürlich unter den Chrestenson-Funktionen wieder mit enthalten, wobei speziell

$$B_{oo}(x) = c_o(x)$$

gesetzt wird; für die anderen Funktionen gilt:

$$B_{ri}(x) = C_{r.p^i}(x).$$

Als Beispiel wählen wir p = 3, m = 2, d. h., wir verwenden zweistellige Ternärzahlen als Ausgangspunkt.
k und x laufen von 0 bis 8, es sind also 9 Funktionen für die Werte von 0 bis 8 zu konstruieren. In der nachstehenden Tabelle sind zunächst die Summen berechnet, die im Exponenten von E auftauchen:

$$\sum_{i=0}^{m-1} k_{m-1-i} \cdot x_i = k_1 \cdot x_o + k_o \cdot x_1$$

			0	1	2	3	4	5	6	7	8	x
			0	0	0	1	1	1	2	2	2	x_o
k	k_o	k_1	0	1	2	0	1	2	0	1	2	x_1
0	0	0	0	0	0	0	0	0	0	0	0	
1	0	1	0	0	0	1	1	1	2	2	2	
2	0	2	0	0	0	2	2	2	4	4	4	
3	1	0	0	1	2	0	1	2	0	1	2	
4	1	1	0	1	2	1	2	3	2	3	4	
5	1	2	0	1	2	2	3	4	4	5	6	
6	2	0	0	2	4	0	2	4	0	2	4	
7	2	1	0	2	4	1	3	5	2	4	6	
8	2	2	0	2	4	2	4	6	4	6	8	

Diese Werte werden multipliziert mit $j \cdot \frac{2\pi}{3}$. Da $e^{j\varphi} = \cos\varphi + j\sin\varphi$ periodisch mit der Periode 2π ist, können alle auftretenden Werte modulo 3 vereinfacht werden, so daß folgende Funktionswerte auftreten:

$$e_0 = e^{j \cdot \frac{2\pi}{3} \cdot 0} = e^0 = 1,$$

$$e_1 = e^{j \cdot \frac{2\pi}{3} \cdot 1} = \cos\frac{2\pi}{3} + j\sin\frac{2\pi}{3} = -\frac{1}{2} + j\frac{1}{2}\sqrt{3},$$

$$e_2 = e^{j \cdot \frac{2\pi}{3} \cdot 2} = \cos\frac{4\pi}{3} + j\sin\frac{4\pi}{3} = -\frac{1}{2} - j\frac{1}{2}\sqrt{3}.$$

Damit ergeben sich schließlich für diesen Fall die folgenden Funktionen:

k	0	1	2	3	4	5	6	7	8	x	
0	1	1	1	1	1	1	1	1	1		$B_{00}(x)$
1	1	1	1	e_1	e_1	e_1	e_2	e_2	e_2		$B_{10}(x)$
2	1	1	1	e_2	e_2	e_2	e_1	e_1	e_1		$B_{20}(x)$
3	1	e_1	e_2	1	e_1	e_2	1	e_1	e_2		$B_{11}(x)$
4	1	e_1	e_2	e_1	e_2	1	e_2	1	e_1		$B_{10}(x) \cdot B_{11}(x)$
5	1	e_1	e_2	e_2	1	e_1	e_1	e_2	1		$B_{20}(x) \cdot B_{11}(x)$
6	1	e_2	e_1	1	e_2	e_1	1	e_2	e_1		$B_{21}(x)$
7	1	e_2	e_1	e_1	1	e_2	e_2	e_1	1		$B_{10}(x) \cdot B_{21}(x)$
8	1	e_2	e_1	e_2	e_1	1	e_1	1	e_2		$B_{20}(x) \cdot B_{21}(x)$

Will man das Produkt von Chrestenson-Funktionen, speziell von verallgemeinerten Rademacher-Funktionen, bilden, so muß man sich daran erinnern, daß gilt:

$$e^{j \frac{2\pi}{p} \cdot \alpha} \cdot e^{j \frac{2\pi}{p} \cdot \beta} = e^{j \frac{2\pi}{p} (\alpha+\beta)} ;$$

das bedeutet, daß man sich zur Berechnung günstig der Exponententabelle bedient und die entsprechenden Zeilenvektoren stellenweise modulo 3 addiert; beispielsweise sei zu berechnen:
$B_{20}(x) \cdot B_{11}(x)$.

$B_{20}(x)$:	0	0	0	2	2	2	1	1	1	
$B_{11}(x)$:	0	1	2	0	1	2	0	1	2	+ modulo 3
$c_5(x)$	0	1	2	2	0	1	1	2	0	

Jedes System von Chrestenson-Wilenkin-Funktionen bildet ein vollständiges Orthonormalsystem für das entsprechende Intervall von 0 bis p^m-1.
Damit haben wir weitere Orthonormalsysteme zur Verfügung, die wir zu diskreten Fourier-Transformationen verwenden können.
Jede diskrete Funktion der entsprechenden Funktionenmenge ist also darstellbar in der Form

$$f(x) = \sum_{k=0}^{p^m-1} a_k \cdot C_k(x),$$

wobei $$a_k = p^{-m} \cdot \sum_{x=0}^{p^m-1} f(x) \cdot \overline{C_k(x)}$$

gilt.
Die Bildung entsprechender Skalarprodukte führt also wiederum zur Bestimmung der entsprechenden Komponenten; man erhält damit ein <u>Chrestenson-Spektrum.</u>
Da bei der Berechnung der <u>Fourier</u>-Koeffizienten die konjugiert-komplexe Funktion $C_k(x)$ benötigt wird, ist es sinnvoll, diese Funktionen ebenfalls tabellarisch darzustellen.
In unserem Beispiel muß man hierfür nur e_1 und e_2 vertauschen wegen

$$\overline{e_1} = e_2 , \quad \overline{e_2} = e_1.$$

Als Beispiel berechnen wir das Chrestenson-Spektrum für die folgende Funktion:

x	0	1	2	3	4	5	6	7	8
f(x)	2	2	1	0	4	3	6	2	9

Es ergibt sich:

$$9\,a_0 = 29,\quad 9\,a_1 = -7 + j\,.\,5\sqrt{3},\quad 9\,a_2 = -7 - j\,.\,5\sqrt{3},$$

$$9\,a_3 = -\tfrac{5}{2} + j\,.\,\tfrac{5}{2}\sqrt{3},\quad 9\,a_4 = -4,\quad 9\,a_5 = 8 - j\,.\,4\sqrt{3},$$

$$9\,a_6 = -\tfrac{5}{2} - j\,.\,\tfrac{5}{2}\sqrt{3},\quad 9\,a_7 = 5 + j\,.\,3\sqrt{3},$$

$$9\,a_8 = -\tfrac{3}{2} + j\,.\,\tfrac{3}{2}\sqrt{3}.$$

Zur Vereinfachung der Ausdrücke haben wir den Faktor 3^{-2} mit zu den Fourier-Koeffizienten hinzugenommen. Man erhält also mit dieser Entwicklung eine Abbildung der Funktion $f(x)$ auf den Vektor

$$a = (a_0, a_1, a_2, a_3, a_4, a_5, a_6, a_7, a_8),$$

der jetzt komplexe Komponenten besitzt.

Fassen wir die hier durchgeführten Konstruktionen und die früher gemachten Überlegungen zusammen, so entstehen für die diskreten Fourier-Transformationen die folgenden prinzipiellen Zusammenhänge:
Eine Funktion (ein Signal) $s(x)$ ist in einem vollständigen Orthonormalsystem $f_k(x)$, $k = 0, 1, 2, \ldots$ darstellbar durch die Reihe

$$s(x) = \sum_{k=0}^{N-1} a_k\, f_k(x).$$

Die Gewinnung des Spektrums a_k, $k = 0, 1, 2, \ldots$ ist möglich mit Hilfe des Skalarproduktes:

$$a_k = \left(\frac{1}{E_f}\right)\cdot\Big(s(x),\ f_k(x)\Big)\ .$$

E_f ist in der Signaltheorie die <u>Energie</u> der Funktion $f_k(x)$. Verwendet man die explizite Definition des Skalarproduktes, so ergibt sich:

$$a_k = \frac{1}{E_f} \cdot \sum_{x=0}^{N-1} s(x) \cdot \overline{f_k(x)} .$$

Weiterhin gilt die Parsevalsche Gleichung auch für diskrete Funktionen (Signale):

$$\sum_{x=0}^{N-1} |s(x)|^2 = E_f \sum_{k=0}^{N-1} |a_k|^2 .$$

Die Energie eines Signales hängt also nur vom Signal, nicht aber von der verwendeten Basis ab.
Die Bestandteile

$$e_k = E_f |a_k|^2$$

der Summe auf der rechten Seite bilden das sogenannte <u>Energiespektrum</u> des Signals.
In Analogie zu kontinuierlichen Betrachtungen bezeichnet man auch hier den Bereich der Variablen x als <u>Zeitbereich</u>, während man den Bereich, in dem sich k ändert, als <u>Spektralbereich</u> bezeichnet.

Bei Anwendungen wird man sehr häufig, so wie es hier in den Darstellungen der diskreten Funktionensysteme schon mehr oder weniger der Fall war, Matrixdarstellungen verwenden.
Statt $f_k(x)$, $k = 0, 1, 2, \ldots, p^m-1 = N - 1$, schreiben wir jetzt $f(k, x)$. Diese Darstellung besitzt ebenfalls viele interessante Eigenschaften; beispielsweise kann man bei den Walsh- oder Chrestenson-Wilenkin-Funktionen k und x miteinander vertauschen und vieles andere mehr.
Lassen wir k und x alle Werte von 0 bis N - 1 durchlaufen, so erhält man die Werte f(0,0), f(0,1), ..., f(N-1, N-1), die in der Matrix M_{kx} dargestellt werden können:

$$\begin{array}{c|ccccc|l}
 & 0 & 1 & 2 & \dots & N-1 & x \\
0 & f(0,0) & f(0,1) & f(0,2) & \dots & f(0,N-1) & \\
1 & f(1,0) & f(1,1) & f(1,2) & \dots & f(1,N-1) & \\
2 & f(2,0) & f(2,1) & f(2,2) & \dots & f(2,N-1) & = M_{kx}. \\
\vdots & & & & & & \\
N-1 & f(N-1,0) & f(N-1,1) & f(N-1,2) & \dots & f(N-1,N-1) & \\
k & & & & & &
\end{array}$$

Sind $\underline{s}_x = (s(0), \dots, s(N-1)$ und $\underline{a}_k = (a(0), \dots, a(N-1))$ die entsprechenden Vektoren der Funktion $s(x)$ und des Spektrums $a(k)$, so gilt:

$$\underline{s}_x = M_{xk} \cdot \underline{a}_k = M_{kx}^T \, \underline{a}_k ,$$

$$\underline{a}_k = \frac{1}{E_f} \; \overline{M}_{kx} \, \underline{s}_x .$$

Wir multiplizieren die zweite Gleichung von links mit M_{xk}:

$$M_{xk} \cdot \underline{a}_k = \frac{1}{E_f} \cdot M_{xk} \cdot \overline{M}_{kx} \, \underline{s}_x .$$

Berücksichtigen wir die erste Gleichung, so erhalten wir:

$$\underline{s}_x = \frac{1}{E_f} \cdot M_{xk} \cdot \overline{M}_{kx} = s_{\underline{x}} ,$$

also muß $\frac{1}{E_f} \; M_{xk} \cdot \overline{M}_{kx} = \underline{1}$ sein, wobei $\underline{1}$ die Einheitsmatrix bezeichnet.

Die diskreten Fourier-Transformationen lassen sich also auch als unitäre Operatoren im Hilbert-Raum der n-dimensionalen komplexen Vektoren auffassen. Hierunter versteht man lineare Operatoren U, für die $\|Ux\| = \|x\|$ gilt.

Abschließend berechnen wir noch die Spektren einiger charakteristischer Signale.

1. $f(x) = \begin{cases} 1 & \text{für } x = 0, \\ 0 & \text{für } x = 1, \ldots, p^m-1. \end{cases}$

Dieser Einzelimpuls liefert als Spektrum für $p = 3$, $m = 2$ (siehe die Beispielfunktionen):

$a_o = a_1 = \ldots = a_8 = \frac{1}{9}$.

2. $f(x) = 1$ für alle x.
Es ergibt sich $a_o = 1$, $a_1 = \ldots = a_8 = 0$.

3. Rechteckimpulse.

$$f(x) = \begin{cases} 1 & \text{für } x = 0, 1, 2, 3, \\ 0 & \text{für } x = 4, 5, 6, 7. \end{cases}$$

Das Walsh-Spektrum dieser Funktion besitzt folgende Gestalt:

$$a_o = \frac{1}{2}, \; a_1 = \frac{1}{2}, \; a_2 = \ldots = a_7 = 0.$$

"Verlängert" man diesen Impuls, so muß man die Funktion

$$f(x) = \begin{cases} 1 & \text{für } x = 0, \ldots, 4, \\ 0 & \text{für } x = 5, \ldots, 7 \end{cases}$$

betrachten.
Hier besitzt das Walsh-Spektrum ebenfalls zwei "Anfangswerte"

$$a_o = \frac{5}{8}, \quad a_1 = \frac{3}{8}$$

und wird dann periodisch:

$$a_2 = \frac{1}{8}, \; a_3 = -\frac{1}{8}, \; a_4 = \frac{1}{8}, \; a_5 = -\frac{1}{8}, \; a_6 = \frac{1}{8}, \; a_7 = -\frac{1}{8} .$$

Abschließend wollen wir darauf hinweisen, daß auch die Haar-Funktionen auf den Fall $p > 2$ verallgemeinert werden können und damit weitere Orthonormalsysteme zur Verfügung stehen.
Bis hierher haben wir nur eine einzige Variable x betrachtet - die Vielfalt bei mehreren Variablen x, y, z, ... ist kaum überschaubar und soll nur anhand einiger "hübscher Muster" verdeutlicht werden, die bei der Konstruktion <u>zweidimensionaler Walsh-Funktionen</u> entstehen.

Man bildet dazu die Produkte eindimensionaler Walsh-Funktionen und erhält Funktionen, die über Quadraten mit der Seitenlänge 2^m-1 definiert sind. Abb. 34 zeigt die Konstruktion für m = 2 und soll auch die Behandlung der diskreten Orthonormalsysteme abschließen.

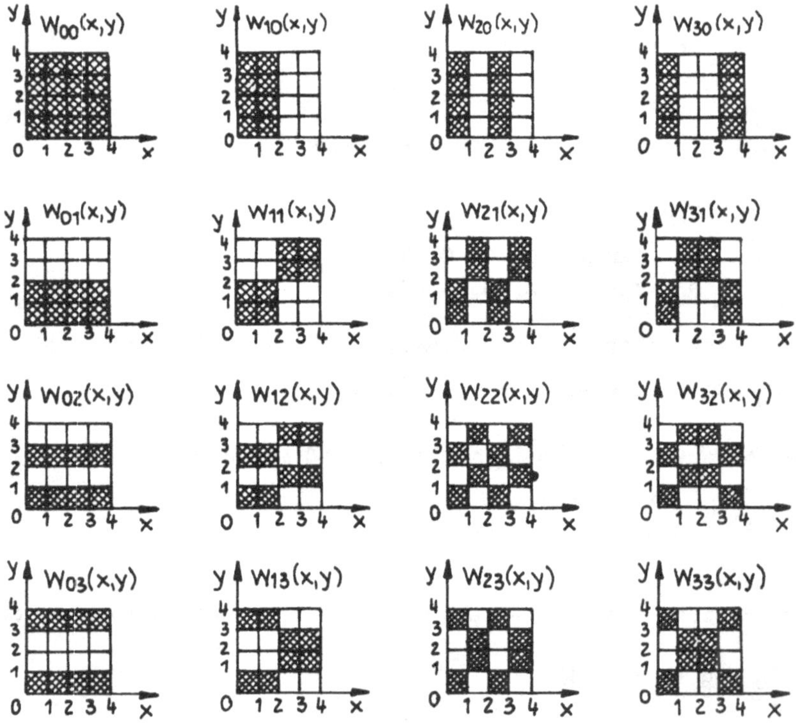

Abb. 34. Zweidimensionale Walsh-Funktionen für m = 2.

5. INTEGRALTRANSFORMATIONEN

5.1. Distributionen

Bevor wir uns den in der Elektrotechnik und Elektronik weitverbreiteten Integraltransformationen zuwenden, wollen wir den Begriff der Distribution einführen und erklären, da er für Fragen der Signaltheorie bedeutsam und nur auf diese Art und Weise eine exakte Behandlung der Probleme möglich ist.
Ein ganz wesentlicher Grund für die Einführung von Distributionen bestand vor allem darin, daß sehr viele in der Systemtheorie betrachteten Zusammenhänge auf "Funktionen" führten, die unstetig oder nur mit Einschränkungen differenzierbar und somit schwer mit den vorhandenen Mitteln behandelbar waren. Die Erweiterung des klassischen Funktionenbegriffs sollte so vorgenommen werden, daß diese ungünstigen Eigenschaften umgangen werden und eine gut handhabbare Begriffswelt entsteht.

Ausgangspunkt ist der Begriff der Funktionenfolge; durch $f_n(x)$, $n = 0, 1, 2, \dots$ bezeichnen wir die Tatsache, daß zu jedem $n \in \underline{N}$ eine Funktion $f(x)$ existiert, die stets über dem gleichen Intervall $a \leq x \leq b$ definiert ist.

Eine Folge $f_n(x)$ konvergiert gegen $f(x)$ im Intervall $a \leq x \leq b$ genau dann, wenn für jedes x des Intervalls

$$\lim_{n \to \infty} f_n(x) = f(x)$$

gilt.
Das bedeutet, daß zu beliebigem $\varepsilon > 0$ ein n_0 existiert, so daß für alle $n > n_0$

$$|f_n(x) - f(x)| < \varepsilon$$

ist.
Im allgemeinen hängt dabei n_0 sowohl von ε als auch von x ab, oder anders gesagt, dieser Wert von n_0 kann für verschiedene x durchaus unterschiedlich sein.

Ist n_0 nur von ε abhängig, so ist die Funktionenfolge <u>gleichmäßig konvergent.</u>
Die nichtgleichmäßige Konvergenz weist immer auf gewisse Probleme für die Existenz der Grenzwerte, auf Unstetigkeiten oder ähnliche Umstände hin.
In Abb. 35 sind die Funktionenfolgen

$$f_n(x) = x \cdot n^2 \cdot e^{-nx}$$

und

$$g_n(x) = x \cdot e^{-nx}$$

dargestellt, von denen die erste für $x \geq 0$ gegen $f(x) = 0$ zwar konvergiert, aber nicht gleichmäßig konvergiert, während die zweite Folge gegen $g(x) = 0$ gleichmäßig konvergiert.

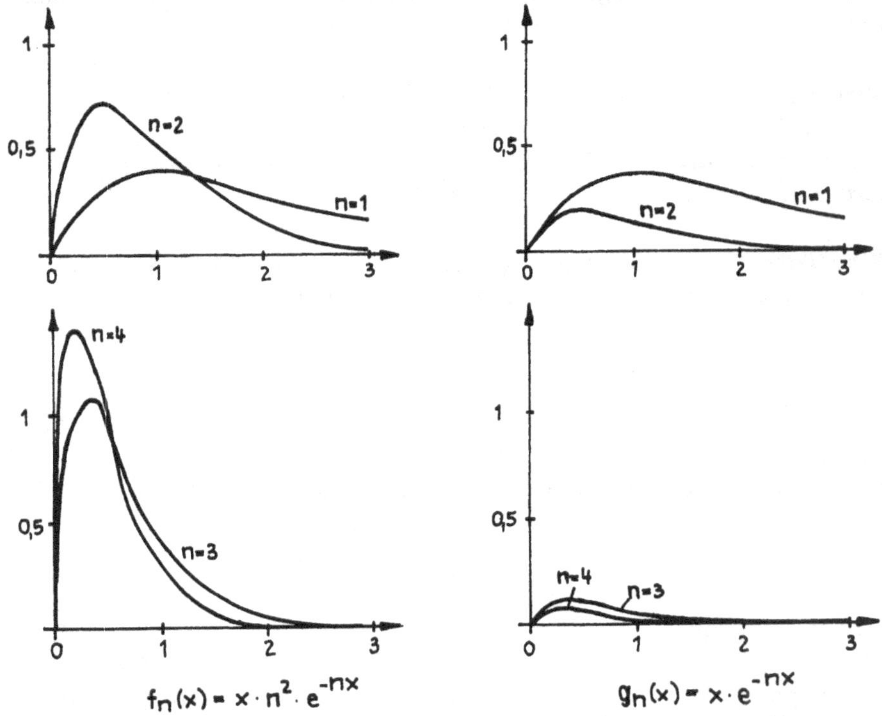

Abb. 35. Gleichmäßige und nichtgleichmäßige Konvergenz von Funktionenfolgen.

Als erstes wollen wir die Tatsache festhalten, daß mit Hilfe von Funktionenfolgen unstetige Funktionen approximiert werden können.
Abb. 36 zeigt die Folge

$$f_n(x) = \frac{n}{2 + e^{-nx} + e^{nx}},$$

der man die "Verwandtschaft" zur Diracschen Deltafunktion ansieht; die Folge

$$g_n(x) = \frac{1}{1 + e^{-nx}}$$

geht durch Integration aus der Folge $f_n(x)$ hervor(Abb. 37). Man kann sich natürlich genauso gut auf den umgekehrten Standpunkt stellen und sagen, daß die Folge der $f_n(x)$ durch Differentiation aus der Folge der $g_n(x)$ hervorgeht.
Die Folge der $g_n(x)$ approximiert die häufig benutzte Sprungfunktion.

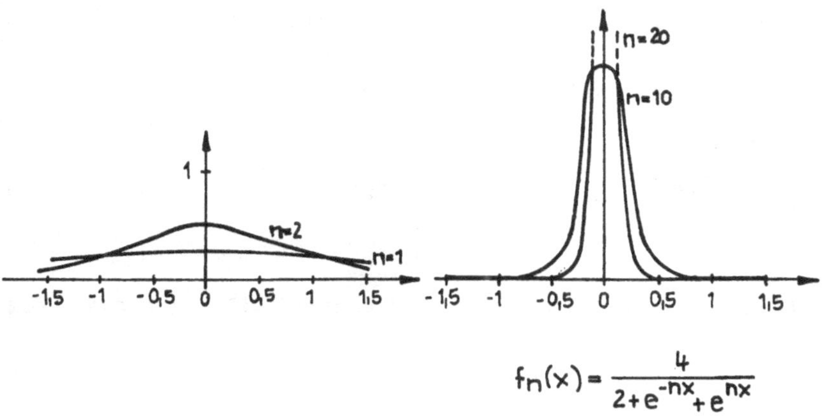

Abb. 36. Die Approximation der δ-Funktion

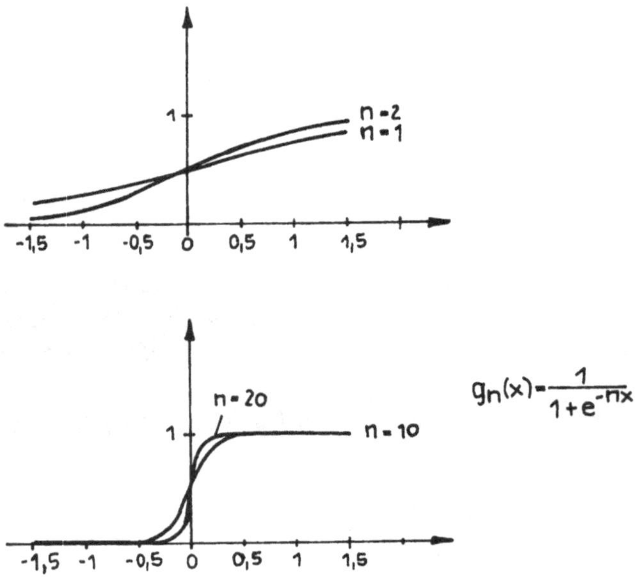

Abb. 37. Die Approximation der Sprungfunktion.

Diese sich hier ausdrückende Beziehung

$$f_n(x) \quad \underset{\text{Differentiation}}{\overset{\text{Integration}}{\rightleftarrows}} \quad g_n(x)$$

legt nun folgende Erweiterung der Begriffsbildungen nahe, die wir dann anschließend konkret ausbauen und verfeinern wollen:

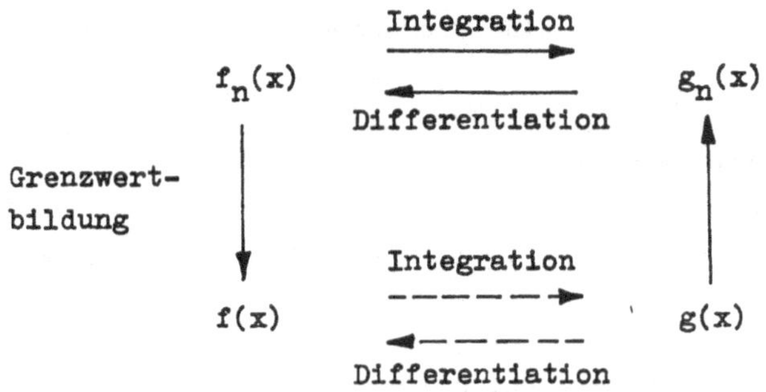

Die Folgen $f_n(x)$ und $g_n(x)$ werden durch Integration bzw. Differentiation aufeinander *abgebildet.* Jeder der beiden Folgen wird ihre Grenzfunktion f(x) bzw. g(x) zugeordnet, und zwischen diesen wird nun "eine Art" formaler Integration bzw. Differentiation erklärt (definiert), die natürlich nur für den Fall Bedeutung gewinnt, in dem f(x) und g(x) nicht durch die bekannte Differentiation bzw. Integration ineinander überführt werden können. Anderenfalls muß die "formale Erweiterung" mit bereits vorhandenen Operationen übereinstimmen. Diese Vorstellung wollen wir bei Distributionen dann immer (wenigstens prinzipiell) im Sinn haben - gewisse Manipulationen mit der Funktionenfolge (Differentiation, Integration, Transformationen) werden auf die Grenzfunktionen übertragen.

Nun zur Verfeinerung der Grundidee.
Dazu wird noch der Begriff der *fast gleichmäßigen Konvergenz* benötigt:
Eine Folge $f_n(x)$ ist im Intervall $a < x < b$ fast gleichmäßig konvergent genau dann, wenn sie in jedem Intervall $[a_o, b_o]$ mit $a < a_o \leq x \leq b_o < b$ gleichmäßig konvergent ist.

Wichtig ist dabei vor allem der Fall, daß $a = -\infty$, $b = +\infty$ gilt (ihn wollen wir im weiteren im wesentlichen immer voraussetzen):
Die Folge $f_n(x)$ konvergiert dann fast gleichmäßig gegen die Funktion f(x), wenn sie in jedem endlichen Intervall gleichmäßig gegen f(x) konvergiert.

Ist $f_n(x)$ eine Folge von Funktionen, die über dem Intervall $a < x < b$ definiert und dort stetig sind, so handelt es sich um eine <u>Fundamentalfolge,</u> wenn es eine Funktionenfolge $F_n(x)$ gibt derart, daß:

1. $\dfrac{d^k F_n(x)}{dx^k} = f_n(x), \quad k \geqslant 0,$

2. die Folge $F_n(x)$ fast gleichmäßig in $a < x < b$ gegen $F(x)$ konvergiert.

Eine Fundamentalfolge geht also durch k-fache Differentiation aus einer fast gleichmäßig konvergenten Funktionenfolge hervor. Speziell ist hierbei auch $k = 0$ zugelassen, d. h., jede fast gleichmäßig konvergente Folge stetiger Funktionen ist eine Fundamentalfolge.
Beispielsweise ist die Folge

$$F_n(x) = \frac{x}{2} + \frac{x}{\pi} \operatorname{arc\,tan} nx - \frac{1}{2\pi n} \log (1 + n^2x^2)$$

eine Fundamentalfolge mit der Grenzfunktion

$$F(x) = \begin{cases} 0 & \text{für } x < 0, \\ x & \text{für } x \geqslant 0. \end{cases}$$

Durch Differentiation erhält man hieraus weitere Fundamentalfolgen:

$$F_n'(x) = \frac{1}{\pi} \operatorname{arc\,tan} nx + \frac{1}{2}\,, \qquad \text{(Heavisidesche Sprungfunktion)},$$

$$F_n''(x) = \frac{1}{\pi} \frac{n}{n^2x^2 + 1}\,, \qquad \text{(Diracsche } \delta\text{-Funktion)},$$

$$F_n'''(x) = -\frac{2}{\pi} \frac{n^3x}{(n^2x^2 + 1)^2}\,, \qquad (\delta'(x)),$$

$$F_n^{(4)}(x) = \frac{2n^3}{\pi} \frac{3n^3x^2 - 1}{(n^2x^2 + 1)^3}\,, \qquad (\delta''(x)).$$

Ist f(x) eine stetige Funktion, so ist die Folge, bei der für alle n

$$f_n(x) = f(x)$$

gilt, ebenfalls eine Fundamentalfolge, die gegen f(x) konvergiert. Eine entsprechende Funktionenfolge $F_n(x)$ erhält man durch Integration von f(x).

Nunmehr muß man sich noch mit der Tatsache beschäftigen, daß unterschiedliche Folgen gleiches Verhalten zeigen können. In Abb. 38 sind die Folgen

$$f_n(x) = \frac{1}{\pi} \frac{n}{n^2x^2 + 1} \quad \text{und} \quad g_n(x) = \frac{n}{\sqrt{\pi}} e^{-n^2x^2}$$

dargestellt, die beide $\delta(x)$ approximieren.

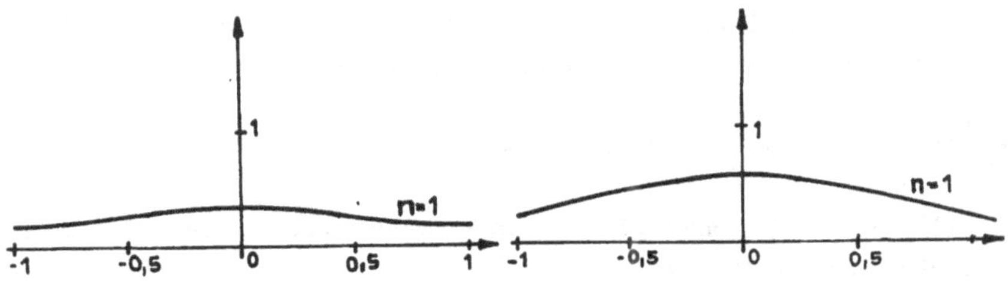

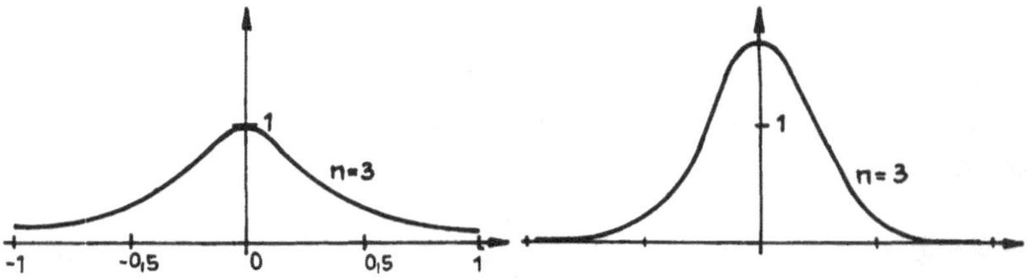

a) $f_n(x) = \frac{1}{\pi} \frac{n}{n^2x^2+1}$ b) $g_n(x) = \frac{n}{\sqrt{\pi}} e^{-n^2x^2}$

Abb. 38. Die Approximation von $\delta(x)$ durch unterschiedliche Funktionen.

Wir müssen also derartige Folgen miteinander identifizieren, was naturgemäß mit Hilfe einer geeigneten Äquivalenzrelation geschieht (vgl. 2.2.):
Zwei Fundamentalfolgen $f_n(x)$ und $g_n(x)$ sind zueinander äquivalent, wenn es Folgen $F_n(x)$ und $G_n(x)$ gibt, so daß gilt:

1. $F_n^{(k)}(x) = f_n(x)$, $G_n^{(k)}(x) = g_n(x)$,

2. $F_n(x)$ und $G_n(x)$ konvergieren im betrachteten Intervall beide gleichmäßig gegen $F(x)$.

Nachdem man überprüft hat, daß die so definierte Relation eine Äquivalenzrelation über der Menge aller Fundamentalfolgen ist, nimmt man die entstehenden Äquivalenzklassen von Fundamentalfolgen als Ausgangspunkt der weiteren Überlegungen und bezeichnet diese als <u>Distributionen.</u> Gleichzeitig ist damit auch gesichert, daß man durch Verwendung geeigneter Repräsentanten aus den entsprechenden Äquivalenzklassen stets ein Mittel zur Verfügung hat, vorhandene Operationen, Eigenschaften u. a. auf die Äquivalenzklassen zu übertragen.

Damit existiert in dieser (auf MIKUSINSKI zurückgehenden) Begründung des Distributionenbegriffs ein exakter mathematischer Hintergrund für viele in der Signaltheorie verwendeten "Funktionen", die häufig "anschaulich" eingeführt, Anlaß zu unsicheren und unklaren Anwendungen geben.

Auf diesem Hintergrund sollen noch einige wichtige Eigenschaften von Distributionen aufgezählt werden. Dabei soll die Äquivalenzklasse, zu der die Fundamentalfolge $f_n(x)$ gehört, durch $[f_n(x)]$ bezeichnet werden.

Die <u>Addition von Distributionen</u> und die <u>Multiplikation mit</u> (reellen oder komplexen) <u>Zahlen</u> wird repräsentantenweise erklärt:

$$[f_n(x)] + [g_n(x)] = [f_n(x) + g_n(x)] ,$$

$$c \cdot [f_n(x)] = [c\, f_n(x)] .$$

Das Produkt von zwei Distributionen läßt sich nicht allgemein definieren; man muß die Einschränkung akzeptieren, daß nur die Produktbildung mit einer Funktion $f(x)$, $f(x)$ beliebig oft differenzierbar, möglich ist:

$$f(x) \cdot [g_n(x)] = [f(x) \cdot g_n(x)] .$$

Einer der Kernpunkte für die Einführung der Distributionen war die Differenzierbarkeit, die man in folgender Weise verallgemeinert:
Ist $[f_n(x)]$ eine Distribution, bei der die Funktionen $f_n(x)$ stetige Ableitungen $f_n'(x)$ besitzen, dann existiert die Distribution $[f_n'(x)]$, und es gilt:

$$[f_n(x)]' = [f_n'(x)] .$$

Als Beispiel hierfür hatten wir bereits die Heavisidesche Sprungfunktion kennengelernt:

$$1(x) = \left[\frac{1}{\pi} \arctan nx + \frac{1}{2}\right] .$$

Durch Differentiation von

$$f_n(x) = \frac{1}{\pi} \text{ arc tan } nx + \frac{1}{2}$$

entstand $f_n'(x) = \frac{1}{\pi} \frac{n}{n^2x^2+1}$, was zur Beziehung

$$1'(x) = \delta(x)$$

führt. Weitere Differentiation von $f_n'(x)$, $f_n''(x)$, ... führt zu

$$1''(x) = \delta'(x)$$

$$1'''(x) = \delta''(x) \quad \text{usw.}$$

Man beachte an dieser Stelle genau die begrifflichen Unterschiede.
Eine Funktion f(x) mit der <u>stetigen Ableitung</u> $f_n'(x)$ kann als Distribution $[f(x)]$ mit der Distributionenableitung $[f'(x)]$ angesehen werden. In diesem Falle sind Distributionenableitung und normale Ableitung miteinander identisch.
Bei Unstetigkeiten liegen die Verhältnisse anders. Die Funktion

$$F(x) = \begin{cases} 0 & \text{für } x < 0, \\ x & \text{für } x \geq 0 \end{cases}$$

ist eine stetige Funktion und damit eine Distribution - eine entsprechende Fundamentalfolge ist

$$F_n(x) = \frac{x}{2} + \frac{x}{\pi} \text{ arc tan } nx - \frac{1}{2\pi n} \log (1 + n^2x^2).$$

Als Funktion ist F(x) in allen Punkten differenzierbar außer dem Nullpunkt, und es gilt:

$$F'(x) = \begin{cases} 1 & \text{für } x > 0, \\ 0 & \text{für } x < 0. \end{cases} \qquad \text{(Heavisidesche Sprungfunktion)}$$

Diese Funktion ist ebenfalls als Distribution anzusehen mit der möglichen Fundamentalfolge

$$F_n'(x) = \left[\frac{1}{\pi} \text{arc tan } nx + \frac{1}{2}\right].$$

Als Funktion hat die Sprungfunktion eine normale Ableitung, die für alle $x \neq 0$ immer Null ist. Als Distribution besitzt sie jedoch die Ableitung

$$F_n''(x) = \left[\frac{1}{\pi} \cdot \frac{n}{n^2x^2+1}\right] = \delta(x).$$

Funktion	Distribution
$F(x) = \begin{cases} 0 & \text{für } x < 0, \\ x & \text{für } x \geq 0, \end{cases}$	$[F(x)]$,
$F'(x) = \begin{cases} 0 & \text{für } x < 0, \\ 1 & \text{für } x > 0, \end{cases}$	$[F(x)]' = 1(x)$,
$F''(x) = 0 \quad \text{für } x \neq 0,$	$[F(x)]'' = 1'(x) = \delta(x).$

Einige wichtige Sätze sollen die Einführung des Distributionenbegriffes abschließen.

1. Jede Distribution ist beliebig oft differenzierbar.
2. Jede Distribution ist die Ableitung (irgendeiner Ordnung) einer stetigen Funktion.
3. Mit Hilfe der Distributionenableitung erhält man die häufig verwendete Beziehung

$$f(x) \cdot \delta(x - x_0) = f(x_0) \cdot \delta(x - x_0)$$

bzw. für $x_o = 0$

$$f(x) \cdot \delta(x) = f(0) \cdot \delta(x).$$

4. Die <u>Konvergenz von Distributionenfolgen</u> läßt sich durch sachgemäße Anwendung der erklärten Begriffe erklären:

   $F_n(x)$ sei eine Folge stetiger Funktionen, die gegen $F(x)$ konvergiert; für ein $k \geqslant 0$ sei

   $$F_n^{(k)}(x) = f_n(x) \qquad \text{(Distributionenableitung)},$$

   und es gelte $F^{(k)}(x) = f(x)$; dann konvergiert die Distributionenfolge $f_n(x)$ gegen die Distribution $f(x)$.

Konvergenz

$$\begin{array}{ccc} F_n(x) & \longrightarrow & F(x) \\ \downarrow & & \downarrow \\ F_n^{(k)}(x) = f_n(x) & \longrightarrow & F^{(k)}(x) = f(x) \end{array}$$

k-fache Distributionenableitung

Man beachte hier wiederum genau den begrifflichen Unterschied. Eine Distributionenfolge $D_n(x)$, $n = 0, 1, 2, \ldots$ liegt vor, wenn jedem $n \in \underline{N}$ eine Distribution zugeordnet ist. Jedes $D_n(x)$ ist seinerseits durch eine Fundamentalfolge repräsentierbar, so daß man sich unter einer Distributionenfolge eine Folge von Fundamentalfolgen vorstellen muß.
Unter anderem bedeutet das auch, daß jede Fundamentalfolge im Distributionensinne gegen die entsprechende, durch sie repräsentierte Distribution konvergiert.
Die auf diesem Konvergenzbegriff mögliche Definition von <u>Distributionenreihen</u> geschieht wie üblich:

Eine Distributionenreihe

$$\sum_{n=0}^{\infty} g_n(x)$$

konvergiert gegen die Distribution g(x) (besitzt die Summe g(x)), wenn die Folge der Partialsummen

$$s_o(x) = g_o(x) ,$$

$$s_1(x) = g_o(x) + g_1(x),$$

$$\vdots$$

$$s_n(x) = g_o(x) + g_1(x) + \dots + g_n(x)$$

(im Distributionensinne) gegen g(x) konvergiert.

Für viele Anwendungen ist die folgende Eigenschaft Kernpunkt der Überlegungen:

Jede Distributionenreihe

$$g(x) = \sum_{n=0}^{\infty} g_n(x)$$

kann gliedweise differenziert werden; die so entstandene Reihe konvergiert (im Distributionensinne) gegen die Distributionenableitung

$$g'(x) = \sum_{n=0}^{\infty} g_n(x).$$

Damit hat man in der Informationstechnik ein sehr leistungsfähiges Werkzeug zur Hand. Als Beispiel betrachten wir die Funktion

$$f(x) = \begin{cases} x + \pi & \text{für} \quad -\pi \leq x \leq 0, \\ -x + \pi & \text{für} \quad 0 \leq x \leq \pi \end{cases}$$

und ihre Fourier-Reihe:

$$f(x) = \frac{\pi}{2} + \frac{4}{\pi} \left(\cos x + \frac{\cos 3x}{3^2} + \frac{\cos 5x}{5^2} + \dots\right).$$

Diese Reihe konvergiert, wie wir wissen, sowohl im üblichen Sinne gegen f(x), nach dem eben Gesagten aber auch im Distributionensinne. Die Fortsetzung über das Intervall $[-\pi, +\pi]$ hinaus liefert eine "Sägezahn"-Funktion (siehe Abb. 39 a)).

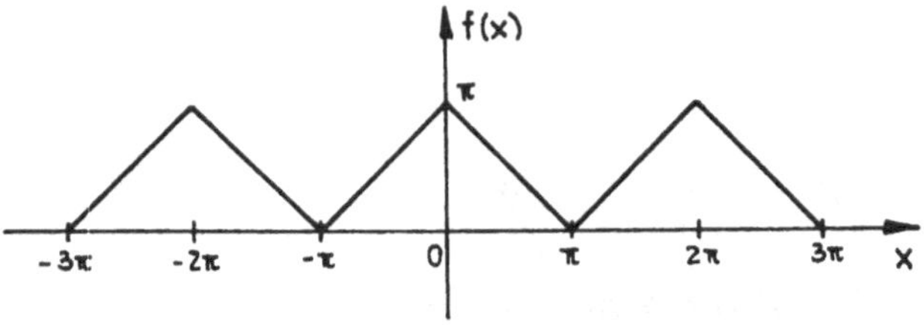

a) "Sägezahn"-Funktion f(x).

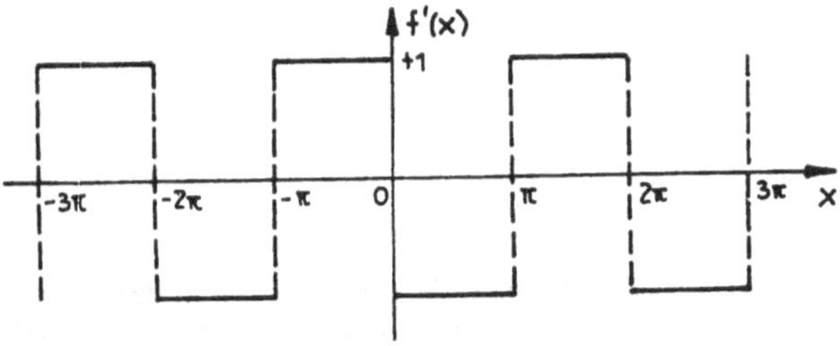

b) Rechteckwelle $f'(x)$

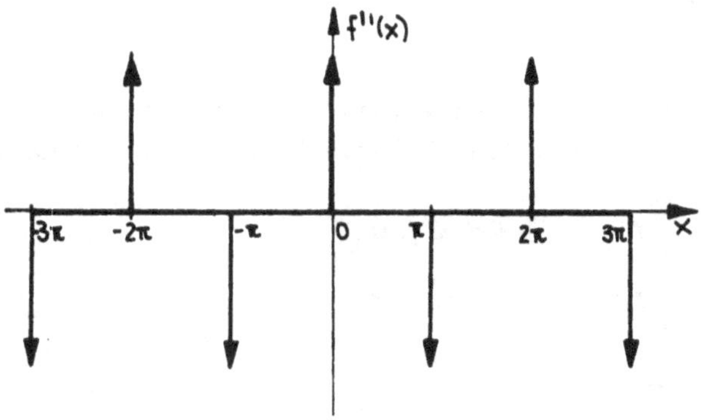

c) Impulsfolge $f''(x)$

Abb. 39. "Sägezahn"-Funktion f(x), Rechteckwelle $f'(x)$ und Impulsfolge $f''(x)$.

Durch Differentiation von f(x) erhalten wir die Rechteckwelle $f'(x)$, und die gliedweise Differentiation liefert

$$f'(x) = -\frac{4}{\pi}\left(\sin x + \frac{\sin 3x}{3} + \frac{\sin 5x}{5} + \ldots\right),$$

woraus sofort

$$f''(x) = -\frac{4}{\pi}(\cos x + \cos 3x + \cos 5x + \ldots)$$

folgt.

Die Impulsfolge kann man aber nun aus Sprungfunktionen zusammensetzen, und mit

$$1'(x - x_0) = \delta(x - x_0)$$

erhält man die Impulsfolge

$$f''(x) = -2 \sum_{n=-\infty}^{\infty} (-1)^n \cdot \delta(x - n\pi);$$

im Intervall $-\pi < x < \pi$ (für n = 0) ist $f''(x) = -2\,\delta(x)$, und es gilt schließlich

$$\delta(x) = \frac{2}{\pi}(\cos x + \cos 3x + \cos 5x + \ldots).$$

5. Die <u>Integration von Distributionen</u> geschieht als Umkehrung der <u>Distributionenableitung.</u> Ist f(x) eine Distribution, so ist die Distribution $\varphi(x)$ mit $\varphi'(x) = f(x)$ das unbestimmte Integral von f(x). Zwei unbestimmte Integrale $\varphi_1(x)$ und $\varphi_2(x)$ einer Distribution f(x) unterscheiden sich nur um eine Konstante:

$$\varphi_1(x) = \varphi_2(x) + C.$$

Zur Erklärung von bestimmten Integralen für Distributionen benötigt man den <u>Wert einer Distribution in einem Punkt:</u>

Falls der Grenzwert

$$\lim_{\alpha \to 0} f(\alpha x + x_0)$$

existiert, so heißt er Wert der Distribution f(x) im Punkt x_0, und man kann demzufolge

$$f(x_0) = \lim_{\alpha \to 0} f(\alpha x + x_0)$$

schreiben.
Die Grenzwerte

$$\lim_{\alpha \to +\infty} f(x + \alpha)$$

bzw.

$$\lim_{\alpha \to -\infty} f(x + \alpha)$$

werden, falls sie existieren, als $f(+\infty)$ bzw. $f(-\infty)$ verwendet.
Damit erklärt man das bestimmte Integral:

$$\int_a^b f(x)\,dx = \varphi(b) - \varphi(a) \qquad \text{für } \varphi'(x) = f(x);$$

dabei ist auch $a = -\infty$ bzw. $b = +\infty$ (oder beides) zulässig.
Auf diese Weise erhält man beispielsweise:

$$\int_a^b \delta(x - x_0)\,dx = 1 \qquad \text{für } a < x_0 < b\ ;$$

$$\int_a^b \delta(x - x_0)\,dx = 0 \qquad \text{für } x_0 < a \text{ oder } b < x_0;$$

$$\int_{-\infty}^{\infty} \delta(x - x_0)\, dx = 1;$$

$$\int_{-\infty}^{\infty} \lambda(x) \cdot \delta(x - x_0)\, dx = \lambda(x_0)$$ für eine beliebig oft differenzierbare Funktion (x);

$$\int_{-\infty}^{\infty} \lambda(x) \cdot \delta^{(k)}(x - x_0)\, dx = (-1)^k \cdot \lambda^{(k)}(x_0).$$

Mit dieser erweiterten Integration für Distributionen kann man auch Fourier-Reihenentwicklungen für Distributionen gewinnen und dabei völlig den gleichen Formalismus wie früher verwenden.
Als Beispiel betrachten wir die Reihe

$$\delta_{2\pi}(x) = \sum_{\nu=-\infty}^{\infty} \delta(x + 2\nu\pi).$$

Die Integrale

$$\int_{-\pi}^{\pi} \delta(x + 2\nu\pi) \cos nx\, dx = \int_{-\pi}^{\pi} \delta(x + 2\nu\pi) \sin nx\, dx$$

sind für $\nu \neq 0$ stets 0, während

$$\int_{-\pi}^{\pi} \delta(x) \cos nx\, dx = \cos 0 = 1,$$

$$\int_{-\pi}^{\pi} \delta(x) \sin nx\, dx = \sin 0 = 0$$

gilt.

Damit entsteht die folgende Fourier-Reihe:

$$\delta_{2\pi}(x) = \frac{1}{\pi}\left(\frac{1}{2} + \cos x + \cos 2x + \ldots\right),$$

wobei die Konvergenz wiederum "nur" im Distributionensinne vorliegt.
Die Distribution $\delta_{2\pi}(x) = \sum\limits_{\nu=-\infty}^{\infty} \delta(x + 2\nu\pi)$ oder ähnlich definierte Distributionen werden häufig benutzt, um diskrete Funktionen (insbesonders durch Abtastung "analoger" Funktionen entstandene) in die Betrachtungen einzubeziehen.
Statt einer Funktion f(x) betrachtet man die Distribution

$$f(x) \cdot \sum_{\nu=-\infty}^{\infty} \delta(x + 2\nu\pi) =$$

$$\sum_{\nu=-\infty}^{\infty} f(2\nu\pi) \cdot \delta(x + 2\nu\pi)$$

und berechnet die entsprechenden Reihenentwicklungen, Transformationen u. a. für diese Distribution, die die Folge von Funktionswerten

$$\ldots, f(-4\pi), f(-2\pi), f(0), f(2\pi), f(4\pi), \ldots$$

für diskrete x-Werte $\ldots, -4\pi, -2\pi, 0, 2\pi, 4\pi, \ldots$ vertritt (beliebige andere Δx-Intervalle sind gleichermaßen möglich).

Abschließend wollen wir noch die von L. SCHWARTZ ausgearbeitete Begründung der Distributionentheorie erwähnen, die mit Hilfe des Funktionalbegriffes geschieht (vgl. 3.2.).
Ausgangspunkt ist der (lineare) Raum der <u>Grundfunktionen,</u> der durch die zwei folgenden Eigenschaften charakterisiert ist:

1. Jede Funktion f(x) des Raumes ist für alle x, $-\infty < x < +\infty$, definiert und beliebig oft differenzierbar.
2. Außerhalb eines Intervalls $[a, b]$ ist $f(x) = 0$.

Beispielsweise ist

$$f(x) = \begin{cases} e^{-\left(\frac{1}{x-a} + \frac{1}{b-x}\right)} & \text{für } a < x < b\,, \\ 0 & \text{für } x \leq a,\ x \geq b \end{cases}$$

eine Grundfunktion.
Eine Distribution ist ein auf diesem Raum definiertes stetiges lineares Funktional. Beispielsweise ordnet die Distribution $\delta(x)$ jedem $f(x)$ den Wert (die Zahl!) $f(0)$ zu, während $\delta(x - x_0)$ jedem $f(x)$ den Wert $f(x_0)$ zuweist.
Damit hat man einen zweiten Zugang zur Distributionentheorie, der für den Techniker möglicherweise nicht so anschaulich ist wie der Zugang über Fundamentalfolgen, dafür aber leichter verallgemeinert werden kann.
Erinnert man sich daran zurück, daß lineare Funktionale als Skalarprodukt dargestellt werden können (vgl. 3.2), so bezeichnet man die Distributionen in dieser Auffassung durch (f, F), wobei F(x) eine Grundfunktion ist.
Damit gilt also beispielsweise:

$$(f, F) = \int_{-\infty}^{\infty} f(x)\, F(x)\, dx,$$

falls f(x) eine integrierbare und F(x) eine Grundfunktion ist;

$$(\delta, F) = F(0)$$

und

$$(\delta(x - x_0), F(x)) = F(x_0)$$

sind bereits bekannte Beziehungen usw.

Wir werden in den folgenden Abschnitten Funktionen und Distributionen nicht explizit unterscheiden - eine Unschärfe, die für Techniker durchaus zulässig sein sollte, wenn das Wesen der Dinge geklärt ist.

5.2. Grundbegriffe

Die in diesem Kapitel zu betrachtenden Integraltransformationen nehmen in der technischen Literatur einen außerordentlich breiten Raum ein und werden an Hand konkreter Probleme umfangreich und ausführlich dargestellt. Sie sind häufig unter der Überschrift "Operatorenrechnung" beschrieben und vielen Technikern und Ingenieuren in dieser Gestalt vertraut. Mit den hier gewählten Gesichtspunkten soll dieses Bild vereinheitlicht und abgerundet werden.

Wie bereits in den vorangegangenen Abschnitten soll $j = \sqrt{-1}$ die komplexe Einheit sein, für komplexe Variable verwenden wir $s = \sigma + j\omega$, σ, ω reelle Variable, gelegentlich auch $p = \delta + j\omega$; x sei eine reelle Variable; die Funktion K(s, x) hängt demzufolge von der komplexen Variablen s und der reellen Variablen x ab und sei für alle x $(-\infty < x < +\infty)$ definiert und bzgl. x integrierbar.
Der Originalraum besteht aus allen Funktionen f(x), $-\infty < x < +\infty$, für die das Integral

$$\int_{-\infty}^{\infty} K(s, x)\, f(x)\, dx$$

existiert (für gewisse s einer Menge S) und demzufolge eine Funktion $f^*(s) = \mathfrak{T}[f(x)]$ bestimmt.
Die Bildfunktionen sind also im allgemeinen komplex-wertige Funktionen.

K(s, x) heißt der Kern der Transformation. Je nach der Wahl des Kerns entstehen unterschiedliche Integraltransformationen. Weitere Modifikationen der Transformationen entstehen durch Variation des Integrationsintervalls; häufig wird auch das Intervall $0 \leq x < \infty$ benutzt, es sind aber auch endliche Intervalle $a \leq x \leq b$ möglich. Auch hier gilt das bereits an früheren Stellen mehrfach Gesagte: exakte Definition des Originalbereiches ist die unerläßliche Voraussetzung für alle weiteren Überlegungen.

Für einen Techniker am schwierigsten zu meistern ist sicher die Tatsache, daß er mit den Integralen nicht allzu "sorglos" umgehen darf - zwar verhalten sie sich in den meisten Fällen "gutartig", aber dennoch ist die Frage, ob und in welchen Bereichen sie existieren, nicht trivial und muß immer klar zu beantworten sein.

Folgende Integraltransformationen sind für die Anwendungen (in unterschiedlichem Maße) wichtig geworden (man beachte die unterschiedlichen Integrationsintervalle):

1. <u>(Einseitige) Laplace-Transformation</u>

$$K(s,\ x) = \begin{cases} 0 & \text{für } x < 0, \\ e^{-sx} & \text{für } x > 0, \end{cases} \quad \mathcal{L}[f(x)] = \int_0^{\infty} e^{-sx} f(x)\, dx \,.$$

2. <u>(Zweiseitige) Laplace-Transformation</u>

$$K(s,\ x) = e^{-sx} \qquad \mathcal{L}^{*}[f(x)] = \int_{-\infty}^{\infty} e^{-sx} f(x)\, dx \,.$$

3. <u>(Endliche) Laplace-Transformation</u>

$$K(x,\ x) = \begin{cases} 0 & \text{für } x < 0, \\ e^{-sx} & \text{für } 0 < x < a, \\ 0 & \text{für } a < x, \end{cases} \quad \mathcal{L}^{e}[f(x)] = \int_0^{a} e^{-sx} f(x)\, dx \,.$$

4. <u>(Einseitige) Fourier-Transformation</u>

$$K(s,\ x) = \begin{cases} 0 & \text{für } x < 0, \\ e^{-j\ \ x} & \text{für } x > 0, \end{cases} \quad \mathfrak{F}[f(x)] = \int_0^{\infty} e^{-j\omega x} f(x)\, dx$$

$$s = \sigma + j\omega, \qquad \sigma = 0.$$

5. Fourier-Transformation

$$K(s,\ x) = e^{-j\omega x} \qquad \mathfrak{F}^{*}[f(x)] = \int_{-\infty}^{\infty} e^{-j\omega x} f(x)\,dx\ ,$$

$$s = \sigma + j\omega, \qquad \sigma = 0.$$

6. (Endliche) Fourier-Transformation

$$K(s,\ x) = \begin{cases} 0 & \text{für } x < 0, \\ e^{-j\omega x} & \text{für } 0 < x < a, \\ 0 & \text{für } a < x, \end{cases} \qquad \mathfrak{F}^{e}[f(x)] = \int_{0}^{a} e^{-j\omega x} f(x)\,dx,$$

$$s = \sigma + j\omega, \quad \sigma = 0.$$

7. Cosinus-Fourier-Transformation

$$K(s,\ x) = \begin{cases} 0 & \text{für } x < 0, \\ \sqrt{\frac{2}{\pi}} \cos \omega x & \text{für } x > 0, \end{cases} \qquad \mathfrak{F}^{\cos}[f(x)] = \sqrt{\frac{2}{\pi}} \int_{0}^{\infty} f(x) \cos \omega x\,dx\ ,$$

$$s = \sigma + j\omega, \quad \sigma = 0.$$

8. Sinus-Fourier-Transformation

$$K(s,\ x) = \begin{cases} 0 & \text{für } x < 0, \\ \sqrt{\frac{2}{\pi}} \sin\ x & \text{für } x > 0, \end{cases} \qquad \mathfrak{F}^{\sin}[f(x)] = \sqrt{\frac{2}{\pi}} \int_{0}^{\infty} f(x) \sin \omega x\,dx\ ,$$

$$s = \sigma + j\omega, \quad \sigma = 0.$$

9. <u>(Einseitige) Laplace-Carson-Transformation</u>

$$K(s, x) = \begin{cases} 0 & \text{für } x < 0, \\ se^{-sx} & \text{für } x > 0, \end{cases} \qquad \mathcal{C}[f(x)] = s\int_0^\infty e^{-sx} f(x)\, dx.$$

10. <u>(Zweiseitige) Laplace-Carson-Transformation</u>

$$K(s, x) = se^{-sx}, \qquad \mathcal{C}^*[f(x)] = s\int_{-\infty}^{\infty} e^{-sx} f(x)\, dx$$

11. <u>(Endliche) Laplace-Carson-Transformation</u>

$$K(s, x) = \begin{cases} 0 & \text{für } x < 0, \\ se^{-sx} & \text{für } 0 < x < a, \\ 0 & \text{für } a < x, \end{cases} \qquad \mathcal{C}^a[f(x)] = s\int_0^a e^{-sx} f(x)\, dx.$$

12. <u>Mellin-Transformation</u>

$$K(s, x) = \begin{cases} 0 & \text{für } x < 0, \\ x^{s-1} & \text{für } x > 0, \end{cases} \qquad \mathcal{M}[f(x)] = \int_0^\infty x^{s-1} f(x)\, dx.$$

13. <u>Hankel-Transformation (m-ter Ordnung)</u>

$$K(s, x) = \begin{cases} 0 & \text{für } x < 0, \\ x J_\nu(\sigma x) & \text{für } x > 0, \end{cases} \qquad \mathcal{H}_\nu[f(x)] = \int_0^\infty x J_\nu(\sigma x) f(x)\, dx,$$

$s = \sigma + j\omega$, $\omega = 0$, $J_\nu(\sigma x)$ Besselfunktion erster Art ν-ter Ordnung.

14. <u>Fourier-Bessel-Transformation</u>

$$K(s,\ x) = \begin{cases} 0 & \text{für } x < 0, \\ x^2 \cdot \frac{1}{\sqrt{\sigma x}}\, J_{\nu+\frac{1}{2}}(\sigma x)\, dx & \text{für } x > 0, \end{cases}$$

$s = \sigma + j\omega,\quad \omega = 0,\quad J_{\nu+\frac{1}{2}}(\sigma x)$ Besselfunktion erster Art mit dem Index $\nu+\frac{1}{2}$

Anm.: Auch die Hankel-Transformation wird gelegentlich als Fourier-Bessel-Transformation bezeichnet.

15. <u>Stieltjes-Transformation</u>

$$K(s,\ x) = \begin{cases} 0 & \text{für } x < 0, \\ \frac{1}{s+x} & \text{für } x > 0. \end{cases} \qquad S\left[f(x)\right] = \int_0^\infty \frac{f(x)}{s+x}\, dx,$$

16. <u>Hilbert-Transformation</u>

$$K(s,\ x) = \frac{1}{\pi} \cdot \frac{1}{s-x}, \qquad H\left[f(x)\right] = \frac{1}{\pi} \int_{-\infty}^{\infty} \frac{f(x)}{s-x}\, dx,$$

$$s = \sigma + j\omega, \quad \omega = 0.$$

Für alle Integraltransformationen kann man als erstes die Eigenschaft der <u>Linearität</u> nachweisen:

$$\int_{-\infty}^{\infty} K(s,\ x)\left[\alpha f_1(x) + \beta f_2(x)\right] dx =$$

$$\alpha \int_{-\infty}^{\infty} K(s,\ x)\ f_1(x)\ dx + \beta \int_{-\infty}^{\infty} K(s,\ x)\ f_2(x)\ dx,$$

bzw. unter Verwendung des Symbols $\mathfrak{T}$ für eine beliebige Transformation:

$$\mathfrak{T}\left[\alpha f_1(x) + \beta f_2(x)\right] = \alpha \cdot \mathfrak{T}\left[f_1(x)\right] + \beta \cdot \mathfrak{T}\left[f_2(x)\right] .$$

Die Integraltransformationen sind also sämtlich <u>lineare Operatoren.</u>

Entsprechend den früher erworbenen Erkenntnissen erhebt sich damit für die betrachteten Operatoren (Transformationen) die Frage nach dem <u>inversen Operator</u> (nach der inversen Transformation).

Es ist also eine Vorschrift zu finden, die für eine gegebene (Bild-)Funktion F(s) die (Original-)Funktion f(x) bestimmt:

$$f(x) = \mathfrak{T}^{-1}\left[F(s)\right] .$$

Zu diesem Zweck muß man in den Integralgleichungen

$$F(s) = \int_{-\infty}^{\infty} K(s, x)\, f(x)\, dx$$

bei gegebenen F(s) und K(s, x) die Funktion f(x) (eindeutig) bestimmen.

Wir wollen in den beiden nächsten Abschnitten wichtige Eigenschaften der Laplace- und der Fourier-Transformation angeben und beenden diesen Abschnitt damit, einige andere Transformationen auf die Laplace-Transformation zurückzuführen.

Es gilt beispielsweise:

$$C\left[f(x)\right] = s \cdot \mathcal{L}\left[f(x)\right] \qquad \text{(analog für } C^{*} \text{ und } C^{e}\text{)},$$

$$\mathcal{L}^{*}\left[f(x);s\right] = \mathcal{L}\left[f(x);s\right] + \mathcal{L}\left[f(-x);-s\right],$$

$$\mathfrak{F}\left[f(x)\right] = \mathcal{L}\left[f(x);j\omega\right] \qquad \text{(analog für } \mathfrak{F}^{*} \text{ und } \mathfrak{F}^{e}\text{)},$$

$$\mathcal{M}[f(x)] = \mathcal{L}^*[f(e^x), -s],$$

$$H[f(x)] = \frac{1}{\pi}\mathcal{L}[\mathcal{L}[f(-x);s'];\ s] - \frac{1}{\pi}\mathcal{L}[\mathcal{L}[f(x);s'];-s].$$

Also nimmt die Laplace-Transformation eine gewisse Schlüsselstellung ein, und deshalb wollen wir ihre Eigenschaften als nächstes untersuchen.

5.3. Die (einseitige) Laplace-Transformation

Nach den bisherigen Überlegungen ist die Laplace-Transformation durch

$$F(s) = \int_0^\infty e^{-sx} f(x)\, dx$$

definiert. Für die Existenz der Bildfunktion F(s) ist dabei notwendig, daß das Laplace-Integral konvergiert. Zu diesem Zweck muß man das Integral

$$\int_a^b |f(x)|\, e^{-\sigma x}\, dx$$

untersuchen. Existiert für ein bestimmtes σ_0 der doppelte Grenzwert des Integrals für $a \to 0$ und $b \to \infty$, so existiert die Bildfunktion F(s) für alle $s = \sigma + j\omega$ mit $\sigma > \sigma_0$.
Durch die Gerade $Re(s) = \sigma_0$ wird die komplexe Ebene also in zwei Teile zerlegt, und für $\sigma > \sigma_0$ ist F(s) eine eindeütige analytische Funktion.
Im allgemeinen läßt sich F(s) mit Ausnahme einiger weniger Punkte auf die ganze s-Ebene analytisch fortsetzen.
Betrachten wir zunächst einige einfache Fälle:

1. $f(x) = e^{ax}$,

$$\int_0^\infty e^{-sx}\, a^{ax}\, dx = \frac{1}{s-a}\ .$$

Für $a = 0$ ist $f(x) = 1$, woraus $\mathcal{L}[1] = \frac{1}{s}$ folgt.

Dieses Integral existiert für $\mathrm{Re}(s) > \mathrm{Re}(a)$, für $a = 0$ also, falls $\mathrm{Re}(s) > 0$ ist.

2. $f(x) = \cos \omega x$ bzw. $f(x) = \sin \omega x$.

Es ist $$\cos \omega x = \frac{e^{j\omega x} + e^{-j\omega x}}{2} ,$$

$$\sin \omega x = \frac{e^{j\omega x} - e^{-j\omega x}}{2j} ;$$

unter Verwendung von 1. erhält man:

$$\mathcal{L}[\cos \omega x] = \frac{s}{s^2 + \ ^2} ,$$

$$\mathcal{L}[\sin \omega x] = \frac{\omega}{s^2 + \omega^2} .$$

In beiden Fällen ist $\sigma_0 = 0$.

3. Die Funktionen e^{x^2}, $\frac{1}{x^2}$, $\tan x$, $\frac{1}{\sin x}$ sind nicht $\mathcal{L}$-transformierbar, da e^{x^2} "zu stark exponentiell wächst", während die anderen Funktionen auf Grund ihrer Polstellen zu nichtkonvergenten Integralen führen.

Der inverse Operator $\mathcal{L}^{-1}[F(s)]$ besitzt die folgende Gestalt:

$$f(x) = \frac{1}{2\pi j} \int_{c-j\infty}^{c+j\infty} e^{sx} F(s) \, ds .$$

Dabei ist c eine beliebige (reelle) Zahl, die größer als σ_0 sein muß. Die Integrationsgrenzen bedeuten, daß die Integration (im komplexen Sinne) längs der Geraden $\mathrm{Re}(s) = c$ erfolgen muß.

In allen Stetigkeitspunkten liefert das Integral den Wert $f(x)$, in Unstetigkeitspunkten erhält man den Mittelwert des links- und rechtsseitigen Grenzwertes:

$$\frac{1}{2}\,(f(x+o)+f(x-o))\,.$$

Durch eine einfache Gegenüberstellung von Eigenschaften im Original- und im Bildbereich möge sich der Leser daran zurückerinnern, "was bei der Laplace-Transformation im Bildbereich einfacher geht". Dabei sollen alle notwendigen Integrale und Grenzwerte existieren. F(s) sei stets die Bildfunktion von f(x).

1. Differentiation im Originalbereich

$$\mathcal{L}\left[f'(x)\right] = s\,F(s) - f(0+0)$$

$f'(x)$ soll für alle $x > 0$ existieren; $f(0+0) = \lim\limits_{x\to 0+0} f(x)$.

$$f^{(n)}(x) = s^n F(s) - s^{n-1} f(0+0) - s^{n-2} f'(0+0) - \ldots - f^{(n-1)}(0+0)\,.$$

$f^{(n)}(x)$ existiere für alle $x > 0$; $f(0+0)$, $f'(0+0)$, ... seien die entsprechenden rechtsseitigen Grenzwerte im Nullpunkt.

Der Differentiation im Originalbereich entspricht im Bildbereich die Multiplikation mit s.

2. Integration im Originalbereich

$$\mathcal{L}\left[\int_0^x f(\tau)\,d\tau + C\right] = \frac{F(s)}{s} + \frac{C}{s}$$

Der Integration im Originalbereich entspricht im Bildbereich die Division durch s.

3. Maßstabsänderung im Originalbereich

$$\mathcal{L}\left[f(ax)\right] = \frac{1}{a}\,F\!\left(\frac{s}{a}\right) \qquad \text{für } a > 0\,.$$

4. Verschiebung im Originalbereich

$$\mathcal{L}\left[f(x - b)\right] = e^{-bs} F(s) \qquad \text{für } b \geqslant 0 .$$

Für $x \leqslant 0$ muß $f(x) = 0$ sein.

5. Faltung im Originalbereich

$$f_1(x) * f_2(x) = \int_0^x f_1(\tau)\, f_2(x - \tau)\, d\tau,$$

$$\mathcal{L}\left[f_1(x) * f_2(x)\right] = F_1(s) \cdot F_2(s) ,$$

$$\mathcal{L}\left[f_1(x)\right] = F_1(s), \quad \mathcal{L}\left[f_2(x)\right] = F_2(s).$$

Die Faltung im Originalbereich wird also zu einer einfachen Produktbildung im Bildbereich.

6. Verschiebung im Bildbereich

$$\mathcal{L}\left[e^{-ax} f(x)\right] = F(s + a).$$

7. Differentiation im Bildbereich

$$\mathcal{L}\left[x^n f(x)\right] = (-1)^n \frac{d^nF(s)}{ds^n} .$$

Man beachte hier, daß sich die Differentiation im Bildbereich ebenfalls durch Multiplikation (jetzt aber im Originalbereich) realisieren läßt (vgl. 1.).

8. Integration im Bildbereich

$$\mathcal{L}\left[\frac{1}{x} f(x)\right] = \int_s^\infty F(s)\, ds.$$

9. Produktbildung im Originalbereich

Ist $\mathcal{L}[f_1(x)] = F_1(s)$, $\mathcal{L}[f_2(x)] = F_2(s)$, so gilt:

$$\mathcal{L}[f_1(x) \cdot f_2(x)] = \begin{cases} \dfrac{1}{2\pi j} \displaystyle\int_{\lambda - j\infty}^{\lambda + j\infty} F_1(z)\, F_2(s-z)\, dz & \text{für } \lambda > \sigma_1, \\ \dfrac{1}{2\pi j} \displaystyle\int_{\lambda - j\infty}^{\lambda + j\infty} F_2(z)\, F_1(s-z)\, dz & \text{für } \lambda > \sigma_2, \end{cases}$$

wobei $F_1(s)$ für $\sigma > \sigma_1$ und $F_2(s)$ für $\sigma > \sigma_2$ definiert sind.

Wir hatten die Laplace-Carson-Transformation bereits durch Multiplikation mit s auf die Laplace-Transformation zurückgeführt. Damit ist klar, daß alle für die Laplace-Transformation gültigen Beziehungen sofort zu übertragen sind.
Also gilt beispielsweise:

$$\mathcal{L}[1] = \frac{1}{s} \quad \longrightarrow \quad \mathcal{C}[1] = 1,$$

$$\mathcal{L}[e^{-ax}] = \frac{1}{s+a} \quad \longrightarrow \quad \mathcal{C}[e^{-ax}] = \frac{s}{s+a},$$

$$\mathcal{L}[\cos \omega x] = \frac{s}{s^2+\omega^2} \quad \longrightarrow \quad \mathcal{C}[\cos \omega x] = \frac{s^2}{s^2+\omega^2},$$

$$\mathcal{L}[\sin \omega x] = \frac{\omega}{s^2+\omega^2} \quad \longrightarrow \quad \mathcal{C}[\sin \omega x] = \frac{\omega s}{s^2+\omega^2} \quad \text{usw.}$$

In Anhang II sind für wichtige Funktionen und Distributionen die Original- und Bildfunktionen gegenübergestellt.

5.4. Fourier-Transformation

Es wäre ohne weiteres möglich, die Untersuchung der Fourier-Transformation direkt mit der Betrachtung der Definition durch

$$\mathfrak{F}^{*}[f(x)] = \int_{-\infty}^{\infty} e^{j\omega x}\, f(x)\, dx$$

zu beginnen. Wir wollen jedoch zuvor einige "Analogien" aufzeigen, die zur Fourier-Reihenentwicklung bestehen. Im Abschnitt 4.1. hatten wir gezeigt, daß eine Funktion f(x) (unter bestimmten Bedingungen) als Fourier-Reihe darstellbar ist und hatten hierfür zwei Formen angegeben:

$$f(x) = \frac{a_0}{2} + \sum_{k=1}^{\infty} (a_k \cos kt + b_k \sin kt)$$

bzw.

$$f(x) = \sum_{k=-\infty}^{\infty} c_k\, e^{jkt} ,$$

wobei die Koeffizienten a_k, b_k und c_k durch folgende Integrale berechnet werden können:

$$a_k = \frac{1}{\pi} \int_{-\pi}^{\pi} f(\tau) \cos k\tau \; d\tau \;, \quad b_k = \frac{1}{\pi} \int_{-\pi}^{\pi} f(\tau) \sin k\tau \; d\tau \;,$$

$$c_k = \frac{1}{2\pi} \int_{-\pi}^{\pi} f(\tau)\, e^{jk\tau}\, d\tau .$$

Ist die Funktion f(x) für $-\infty < x < \infty$ absolut integrierbar, d. h., existiert das Integral

$$\int_{-\infty}^{\infty} |f(x)| \, dx \, ,$$

so kann man die Funktion f(x) in Form des Fourierschen Integrals darstellen:

$$f(x) = \int_{0}^{\infty} \left[a(\omega) \cos \omega x + b(\omega) \sin \omega x \right] d\omega ,$$

wobei gilt:

$$a(\omega) = \frac{1}{\pi} \int_{-\infty}^{\infty} f(x) \cos \quad x \, dx \, ,$$

$$b(\omega) = \frac{1}{\pi} \int_{-\infty}^{\infty} f(x) \sin \quad x \, dx \, .$$

Die Koeffizienten a(ω) und b(ω) werden "in gleicher Weise" berechnet, während die Summation über k durch eine Integration über ω "ersetzt wurde".
In den Unstetigkeitspunkten der Funktion f(x) liefert das Fourier-Integral ebenfalls den Mittelwert des links- und rechtsseitigen Grenzwertes.
Dieser heuristische Übergang zwischen "diskreten" und "analogen" Betrachtungen sind dem Informationstechniker wohl vertraut.
In komplexer Form gilt entsprechend:

$$f(x) = \int_{-\infty}^{\infty} c(\omega) \, e^{j\omega x} \, d\omega$$

mit

$$c(\omega) = \frac{1}{2\pi} \int_{-\infty}^{\infty} f(\tau) \, e^{-j\omega\tau} \, d\tau .$$

Also auch hier die gleiche vollständige Analogie.
In etwas anderer Schreibweise gilt also:

$$f(x) = \int_{-\infty}^{\infty} \left[\frac{1}{2\pi} \int_{-\infty}^{\infty} f(\tau)\, e^{-j\omega\tau}\, d\tau \right] e^{j\omega x}\, dx =$$

$$= \frac{1}{2\pi} \int_{-\infty}^{\infty} F(j\omega)\, e^{j\omega x}\, d\omega$$

mit

$$F(j\omega) = \int_{-\infty}^{\infty} f(\tau)\, e^{-j\omega\tau}\, d\tau$$

oder nach Umbenennung der Integrationsvariablen

$$F(j\omega) = \int_{-\infty}^{\infty} f(x)\; e^{-j\omega x}\; dx.$$

Vergleicht man diese Beziehung mit der Definition der Fourier-Transformation, so erkennt man unmittelbar, daß

$$F(j\omega) = \mathfrak{F}^{*}\left[f(x)\right]$$

und

$$f(x) = \mathfrak{F}^{*-1}\left[F(j\omega)\right] = \frac{1}{2\pi} \int_{-\infty}^{\infty} F(j\omega)\; e^{j\omega x}\; dx$$

gilt.

Für praktische Fälle ist die absolute Integrierbarkeit der Funktion f(x) für $-\infty < x < +\infty$ ein hinreichendes Kriterium für die Existenz der Fourier-Transformierten. Schwächere Kriterien, die gelegentlich möglich sind, besitzen keine so große praktische Bedeutung.

Im folgenden seien wieder (analog zur Laplace-Transformation) wichtige Eigenschaften der Fourier-Transformation zusammengestellt, während für einige in der Praxis häufiger vorkommende Funktionen und Distributionen in Anhang III die Transformierten zusammengestellt sind.

1. Differentiation im Originalbereich

$$\mathfrak{F}[f'(x)] = j\omega\, \mathfrak{F}[f(x)]\ .$$

$f(x)$ soll für $x \to \pm\infty$ gegen Null gehen, $f'(x)$ soll für $-\infty < x < +\infty$ absolut integrierbar sein.
Unter analogen Bedingungen für $f(x)$, $f'(x)$, ..., $f^{(n)}(x)$ gilt:

$$\mathfrak{F}[f^{(n)}(x)] = (j\omega)^n\, \mathfrak{F}[f(x)].$$

Hier hat man wieder eine der für Transformationen typischen Eigenschaften: die ("sicherlich komplizierte") Berechnung der n-ten Ableitung wird ersetzt durch das Schema

a) Transformation von $f(x) \to F(j\omega)$,

b) Multiplikation von $F(j\omega)$ mit $(j\omega)^n$,

c) Rücktransformation des Ergebnisses,

das seine volle Wirksamkeit vor allem dann zeigt, wenn $F(j\omega)$ beispielsweise in Tabellen zu finden oder direkt aus einer Schaltung abzulesen ist und auf diese Weise Differentialgleichungen behandelt werden.

2. Differentiation im Bildbereich

Ist $x^n \cdot f(x)$ für $-\infty < x < \infty$ absolut integrierbar, so gilt:

$$\mathfrak{F}[x^n f(x)] = j^n \frac{d^n F(j\omega)}{d\omega^n} = (-1)^n \frac{d^n F(j\omega)}{d(j\omega)^n}\ .$$

3. **Maßstabsänderung im Originalbereich**

$$\mathfrak{F}\left[f(ax)\right] = \frac{1}{|a|} F\left(\frac{j\omega}{a}\right) \quad , \; a \neq o \; , \quad F(j\omega) = \mathfrak{F}\left[f(x)\right].$$

4. **Verschiebung im Originalbereich**

$$\mathfrak{F}\left[f(x - b)\right] = e^{-j\omega b} \cdot \mathfrak{F}\left[f(x)\right],$$

$$\mathfrak{F}\left[f(x + b)\right] = e^{j\omega b} \cdot \mathfrak{F}\left[f(x)\right]$$

5. **Faltung im Originalbereich**

$$f_1(x) * f_2(x) = \int_{-\infty}^{\infty} f_1(\tau)\, f_2(x - \tau)\, d\tau .$$

$f_1(x)$ und $f_2(x)$ seien beide absolut integrierbar; man beachte auch den Unterschied zwischen der hier erklärten zweiseitigen Faltung und der bei der Laplace-Transformation verwendeten einseitigen Faltung, die man sinngemäß immer für ein- bzw. zweiseitige Transformationen verwendet

$$\mathfrak{F}\left[f_1(x) * f_2(x)\right] = \mathfrak{F}\left[f_1(x)\right] \cdot \mathfrak{F}\left[f_2(x)\right].$$

6. **Verschiebung im Bildbereich**

$$\mathfrak{F}\left[e^{j\omega_o x}\, f(x)\right] = F(j(\omega - \omega_o))$$

mit $F(j\omega) = \mathfrak{F}\left[f(x)\right]$;

$$\mathfrak{F}\left[e^{-j\omega_o x}\, f(x)\right] = F(j(\omega + \omega_o)) .$$

Durch Anwendung der Beziehung $e^{jx} = \cos x + j \sin x$ erhält man hieraus

$$\mathfrak{F}\left[f(x)\cos\omega_0 x\right] = \frac{F(j(\omega-\omega_0)) + F(j(\omega+\omega_0))}{2}$$

$$\mathfrak{F}\left[f(x)\sin\omega_0 x\right] = \frac{F(j(\omega-\omega_0)) - F(j(\omega+\omega_0))}{2j} .$$

7. Parsevalsche Gleichung

$$\int_{-\infty}^{\infty} |f(x)|^2 \, dx = \frac{1}{2\pi} \int_{-\infty}^{\infty} |F(j\omega)|^2 \, d\omega$$

Weitere Beziehungen, die auch als Beispiele für durch den Leser selbst durchzuführende Rechnungen dienen können, sind, wie bereits erwähnt, in Anhang III zu finden.

8. Wiener-Chinchine-Theorem

$$S(\omega) = \frac{1}{2\pi} \int_{-\infty}^{\infty} \psi(\tau) \, e^{-j\omega\tau} \, d\tau ,$$

$$\psi(\tau) = \int_{-\infty}^{\infty} S(\omega) \, e^{j\omega\tau} \, d\omega .$$

$\psi(\tau)$ ist dabei eine sogenannte Korrelationsfunktion, während $S(\omega)$ als spektrale Leistungsdichte bezeichnet wird.

Anwendungen der Fourier- und der Laplace-Transformation sind in der Literatur zur Systemtheorie außerordentlich reichhaltig vorhanden, so daß wir uns an dieser Stelle darauf beschränken können, einige wesentliche Grundideen darzustellen.
Dreh- und Angelpunkt ist dabei die Lösung von Differentialgleichungen der Gestalt

$$a_o \frac{d^r y}{dx^r} + a_1 \frac{d^{r-1} y}{dx^{r-1}} + \dots + a_r y = f(x) \quad .$$

Dabei seien rechtsseitige Anfangswerte $y(0+0)$, $y'(0+0)$, ..., $y^{(r-1)}(0+0)$ gegeben.
Die Laplace-Transformation wird auf die Funktionen $y(x)$ und $f(x)$ angewendet:

$$\mathcal{L}\left[y(x)\right] = Y(s),$$

$$\mathcal{L}\left[f(x)\right] = F(s).$$

Durch Benutzung der Transformationsformeln für Ableitungen überführt man die Differentialgleichung in eine algebraische Gleichung:

$$(a_o\, s^r + a_1\, s^{r-1} + \dots + a_r)\, Y(s) = F(s) + G(s)$$

$$\begin{aligned} G(s) = {} & y(0+0)\left[a_o\, s^{r-1} + a_1\, s^{r-2} + \dots + a_{r-1}\right] + \\ & y'(0+0)\left[a_o\, s^{r-2} + a_1\, s^{r-3} + \dots + a_{r-2}\right] + \\ & \vdots \\ & y^{(r-2)}(0+0)\left[a_o\, s + a_1\right] + \\ & y^{(r-1)}(0+0)\left[a_o\right] . \end{aligned}$$

Diese kann nach dem Bild $Y(s)$ der gesuchten Funktion $f(x)$ aufgelöst werden:

$$Y(s) = \frac{F(s)}{a_o\, s^{r-1} + \dots + a_r} + \frac{G(s)}{a_o\, s^{r-1} + \dots + a_r} \quad .$$

Der zweite Summand berücksichtigt alle Anfangsbedingungen $y(0+0)$, ..., $y^{(r-1)}(0+0)$. Häufig können diese alle als Null ange-

sehen werden, so daß nur der erste Summand berücksichtigt werden muß.
In beiden Fällen, für $G(s) = 0$ und $G(s) \neq 0$, liefert die Rücktransformation die gesuchte Lösung.
Die Behandlung linearer Differentialgleichungssysteme liefert (nach Ausführung der Laplace-Transformation) Lösungen, die man aus linearen Gleichungssystemen gewinnt.
Ist speziell $F_a(s)$ die Laplace-Transformierte der Ausgangsfunktion $x_a(t)$ eines Systems, $F_e(s)$ die Laplace-Transformierte der Eingangsfunktion $x_e(t)$ eines Systems, so ist

$$G(s) = \frac{F_a(s)}{F_e(s)}$$

die Übertragungsfunktion des Systems.

Wendet man auf eine $x_a(t)$ und $x_e(t)$ miteinander verkoppelnde Differentialgleichung (unter Prüfung der Zulässigkeit) die Fourier-Transformation an, so erhält man der Reihe nach:

$$\hat{X}_a(j\omega) = \mathfrak{F}(x_a(t)),$$

$$\hat{X}_e(j\omega) = \mathfrak{F}(x_e(t)).$$

Der Quotient

$$G(j\omega) = \frac{\hat{X}_a(j\omega)}{\hat{X}_e(j\omega)}$$

wird als Frequenzgang bezeichnet.

Zerlegt man den Frequenzgang in Real- und Imaginärteil:

$$G(j\omega) = P(\omega) + j\,Q(\omega),$$

so erhält man den Amplitudengang

$$|G(j\omega)| = \sqrt{P^2(\omega) + Q^2(\omega)}$$

und den <u>Phasengang</u>

$$\varphi(\omega) = \arc\tan \frac{Q(\omega)}{P(\omega)} .$$

Betrachten wir abschließend die Differentialgleichung einer gedämpften Schwingung:

$$m\ddot{x}_a + k\dot{x}_a + cx_a = x_e$$

bzw.

$$\frac{m}{c}\,\ddot{x}_a + \frac{k}{c}\,\dot{x}_a + x_a = \frac{1}{c}\,x_e.$$

Die Ausführung der Fourier-Transformation ergibt den Frequenzgang:

$$\frac{m}{c}(j\omega)^2\,\hat{X}_a + \frac{k}{c}\,j\omega\,\hat{X}_a + \hat{X}_a = \frac{1}{c}\,\hat{X}_e ,$$

$$\hat{X}_a\left[-\frac{m}{c}^2 + j\,\frac{k}{c} + 1\right] = \frac{1}{c}\,\hat{X}_e ,$$

$$\frac{\hat{X}_a}{\hat{X}_e} = \frac{1}{(-m\omega^2 + jk\omega + c)}$$

für $\hat{X}_a = \mathfrak{F}[x_a]$, $\hat{X}_e = \mathfrak{F}[x_e]$.

In gleicher Weise erhält man durch Anwendung der Laplace-Transformation (bei verschwindenden Anfangswerten) die Übertragungsfunktion:

$$\frac{m}{c}\,s^2\,F_a + \frac{k}{c}\,s\,.\,F_a + F_a = \frac{1}{c}\,F_e ,$$

$$F_a\left[\frac{ms^2}{c} + \frac{k}{c}\,s + 1\right] = \frac{1}{c}\,F_e ,$$

$$G(s) = \frac{F_a(s)}{F_e(s)} = \frac{1}{ms^2 + ks + c} .$$

Die Probleme der Umkehrung werden vor allem für rationale Transformierte $\frac{L(s)}{M(s)}$ untersucht, wobei L(s) und M(s) Polynome sind.

Die dafür günstig zu verwendenden Residuensätze und Partialbruchzerlegungen liegen aber bereits außerhalb unserer Darstellungen.

5.5. Hilbert- und Z-Transformation

Der Leser wird sicher an dieser Stelle (ebenfalls) den Eindruck haben, daß die Zahl der Transformationen nahezu unerschöpflich ist. Eine vollständige, mathematisch exakte Behandlung und die Einbeziehung vieler Anwendungen wäre eine außerordentlich umfangreiche, natürlich auch sehr wünschenswerte Darstellung. Der Leser bedenke an dieser Stelle, daß "alle diese Dinge" auch zwei-, drei- bzw. n-dimensional untersucht werden können.

Die Untersuchung weiterer, im 2. Abschnitt dieses Kapitels aufgeführter Transformationen erscheint aber im Hinblick auf das angestrebte Grundverständnis nicht als unbedingt notwendig, so daß wir auf Grund der Anwendungen in der Informationstechnik in diesem Abschnitt lediglich noch die <u>Hilbert-Transformation</u> und die bisher noch nicht erwähnte <u>Z-Transformation</u> ansprechen wollen.
Die Hilbert-Transformation setzt voraus, daß die Funktion f(x) ebenfalls für das gesamte Intervall $-\infty < x < +\infty$ absolut integrierbar ist.
Bereits die Definition

$$\hat{f}(s) = H\left[f(x)\right] = \frac{1}{\pi} \int_{-\infty}^{\infty} \frac{f(x)}{s - x}\, dx$$

beinhaltet jedoch die zusätzliche Forderung, daß das Integral im Sinne des cauchyschen Hauptwertes existiert; die Polstelle im Nenner, die für x = s existiert, muß durch Zerlegung des Integrals in zwei Teile berücksichtigt werden:

$$\frac{1}{\pi}\int_{-\infty}^{\infty} \frac{f(x)}{s-x}\,dx = \lim_{\varepsilon \to 0} \frac{1}{\pi}\left[\int_{-\infty}^{s-\varepsilon} \frac{f(x)}{s-x}\,dx + \int_{s+\varepsilon}^{\infty} \frac{f(x)}{s-x}\,dx\right].$$

Nur wenn dieser Grenzwert existiert, existiert die Hilbert-Transformierte $f(s)$.
Setzt man $s - x = x'$, so erhält man die äquivalente Transformationsvorschrift

$$f(s) = H\left[f(x)\right] = \frac{1}{\pi}\int_{-\infty}^{\infty} \frac{f(s-x')}{x'}\,dx' = \frac{1}{\pi}\int_{-\infty}^{\infty} \frac{f(s-x)}{x}\,dx.$$

Eine entsprechende Substitution und die Änderung der Integrationsgrenzen ergibt die Beziehung

$$\hat{f}(s) = H\left[f(x)\right] = \frac{1}{\pi}\int_{0}^{\infty} \frac{f(s-x) - f(s+x)}{x}\,dx,$$

die zu den beiden anderen Vorschriften äquivalent ist.
Da $f(x)$ längs der x-Achse absolut integriert werden kann, existiert die Fourier-Transformierte von $f(x)$:

$$\mathfrak{F}\left[f(x)\right] = F(\omega) = \int_{-\infty}^{\infty} f(x)\, e^{-j\omega x}\,dx\ .$$

$\hat{f}(s)$ kann ebenfalls fourier-transformiert werden:

$$\mathfrak{F}\left[\hat{f}(s)\right] = \hat{F}(\omega) = \int_{-\infty}^{\infty} f(s)\, e^{-j\omega s}\,ds.$$

Nach dem Einsetzen der Definition von $f(s)$ und der Berechnung der Integrale erhält man hieraus:

$$\mathfrak{F}\left[\hat{f}(s)\right] = -j\ \mathrm{sign}\,\omega \cdot \mathfrak{F}\left[f(x)\right]\ .$$

Der Leser verdeutliche sich die Beziehungen an folgendem Schema:

		Hilbert-Trans- formation		
	$f(x)$	$\longrightarrow$	$\hat{f}(s)$	
Fourier-Transformation	$\Big\vert$		$\Big\vert$	Fourier-Transformation
	$F(\omega)$	$\longrightarrow$	$\hat{F}(\omega)$	
		Multiplikation mit $-j$ sign ω		

Zerlegt man $F(\omega)$ in Real- und Imaginärteil:

$$F(\omega) = R(\omega) + j\, I(\omega),$$

so ergibt die Fourier-Rücktransformation

$$f(x) = \frac{1}{2\pi} \int_{-\infty}^{\infty} F(\omega)\, e^{j\omega x}\, dx\,,$$

was mit Hilfe von

$$R(-\omega) = R(\omega), \quad I(-\omega) = -I(\omega)$$

$(f(x)$ ist reell!)

zu

$$f(x) = \frac{1}{\pi} \int_{0}^{\infty} R(\omega) \cos \omega x\, d\omega - \frac{1}{\pi} \int_{0}^{\infty} I(\omega) \sin \omega x\, dx$$

führt. Geht man mit dieser Darstellung von $f(x)$ noch einmal den umgekehrten Weg, so entsteht

$$\hat{f}(s) = \frac{1}{\pi} \int_{0}^{\infty} I(\omega) \cos \omega s \cdot d\omega + \frac{1}{\pi} \int_{0}^{\infty} R(\omega) \sin \omega s\, d\omega.$$

Es werden also nur die Funktionen $R(\omega)$ und $I(\omega)$ miteinander vertauscht <u>(trigonometrische Konjugation).</u>
Die zweimalige Ausführung der Transformation führt wieder zur (negativen) Ausgangsfunktion zurück; dies erkennt man daraus, daß eine zweimalige Anwendung der Hilbert-Transformation nach obigem Schema eine Multiplikation von $F(\omega)$ mit $(-j \operatorname{sign} \omega)^2 = j^2 \cdot 1 = -1$ und Fourier-Rücktransformation bedeutet.
Also ist

$$H[H[f(x)]] = -f(x).$$

Schließlich sei noch erwähnt, daß $f(x)$ und $\hat{f}(x)$ zueinander orthogonal sind:

$$\int_{-\infty}^{\infty} f(x)\, \hat{f}(x)\, dx = 0.$$

Abschließend noch einige Bemerkungen zur diskreten Laplace-Transformation. Hierbei handelt es sich zwar um keine Integraltransformation, doch soll sie auf Grund ihrer häufigen Anwendung noch erwähnt werden. Außerdem können die Analogiebeziehungen zwischen diskreten und analogen Betrachtungen, die wir bei der Fourier-Transformation in dieser Richtung betrachtet haben, jetzt umgekehrt werden.
Bei der Laplace-Transformation wurde die Funktion $f(x)$ abgebildet auf $F(s)$, $s = \sigma + j\omega$, indem nach Multiplikation mit e^{-sx} über x integriert wurde.

Sei jetzt eine Zahlenfolge x_n, $n = 0, 1, 2, \ldots$ gegeben; dann multiplizieren wir x_n mit e^{-ns} und summieren über n; es entsteht eine Funktion $X(s)$:

$$\mathcal{L}^d[x_n] = X(s) = \sum_{n=0}^{\infty} x_n \cdot e^{-ns}.$$

Wächst die Folge x_n für $n \rightarrow \infty$ nicht schneller als exponentiell, so ist $X(s) = X(\sigma + j\omega)$ für hinreichend große σ analytisch und bzgl. ω periodisch mit der Periode 2π.

Man prüft leicht nach, daß folgende Transformationen gültig sind:

$$\mathcal{L}^d\,[(1,0,0,0,\ldots)] = 1,$$

$$\mathcal{L}^d\,[(1,1,1,\ldots)] = \frac{e^s}{e^s - 1},$$

$$\mathcal{L}^d\,[(1,e^a,e^{2a},\ldots)] = \frac{e^s}{e^s - e^a} \quad \text{usw.}$$

Setzt man $s = \sigma + j\omega$ explizit in die unendliche Reihe ein, so ergibt sich

$$X(s) = X(\sigma + j\omega) = \sum_{n=0}^{\infty} x_n\, e^{-n\sigma} \cdot e^{-jn\omega}.$$

Mit $x_n = 0$ für $n = -1, -2, \ldots$ kann man die Reihe symbolisch zu einer komplexen Fourier-Reihe ergänzen:

$$X(s) = \sum_{n=-\infty}^{\infty} (x_n \cdot e^{-n\sigma})\, e^{-jn\omega}.$$

Damit ist die Bestimmung der inversen Transformation sofort möglich:

$$x_n \cdot e^{-n\sigma} = \frac{1}{2\pi} \int_{-\pi}^{\pi} X(\sigma + j\omega)\, e^{jn\omega}\, d\omega$$

$$x_n = \frac{1}{2\pi j} \int_{\omega - i\pi}^{\omega + i\pi} X(\sigma + j\omega)\, e^{n(\sigma + j\omega)}\, ds,$$

wobei ω beliebig und hinreichend groß ist.

In der Informationstechnik verwendet man üblicherweise eine Zwischenabbildung

$$e^s = z,$$

und man erhält

$$\hat{X}(z) = X(s) = \sum_{n=0}^{\infty} x_n z^{-n}.$$

Hierbei sind die x_n die Abtastwerte zu bestimmten diskreten Zeitpunkten.
Diese Reihe konvergiert für alle z mit hinreichend großen Beträgen (d. h., sie ist die Laurent-Reihe für $\hat{X}(z)$ im Punkt $z = \infty$).
Das Umkehrintegral

$$x_n = \frac{1}{2\pi i} \oint_{|z| = R} \hat{X}(z) z^{n-1} dz , \qquad n = 0, 1, 2, \ldots ,$$

berechnet man günstigerweise mit Hilfe der Residuentheorie.

Schließlich und letztens sei noch vermerkt, daß die diskrete Laplace-Transformation der Folge x_n, $n = 0, 1, 2, \ldots$, nichts anderes ist (natürlich nicht) als die Laplace-Transformation der Distribution

$$\sum_{n=0}^{\infty} x_n \delta(t - n).$$

Analog zu dem bereits Gesagten ist es möglich, auch andere Intervalle für die Folge der x-Werte zugrunde zu legen. Aus den entsprechenden Intervallen und der Theorie der Laurent-Reihen folgen dann auch die entsprechenden Konvergenzgebiete für $\hat{X}(z)$.
Betrachten wir dazu noch einige Beispiele.

Es sei f(k) gegeben für $k = m, m + 1, m + 2, \ldots, n$; dann gilt:

$$\hat{X}(z) = f(m) z^{-m} + f(m+1) z^{-(m+1)} + \ldots + f(n) z^{-n} .$$

1. Für endliche Werte m und n muß $z \neq \infty$. für $m < 0$ und $z \neq 0$ für $n > 0$ sein.

2. Ist $n = \infty$, so darf f(k) nur so wachsen, daß die Reihe

$$\sum_{k=m}^{\infty} f(k)\ z^{-k}$$

konvergiert.
Es sei $f(k) = 2^k$ für $k \geq 0$. Dann konvergiert

$$\hat{X}(z) = \sum_{k=0}^{\infty} 2^k\ z^{-k}$$

für alle $|z| > 2$.

3. Ist $m = -\infty$, so muß ebenfalls Konvergenz gewährleistet sein. Es sei

$$f(k) = \begin{cases} 2^k & \text{für k gerade, } k \leq 0\,, \\ 3^k & \text{für k ungerade, } k \leq 0, \\ 0 & \text{für } k > 0, \end{cases}$$

$F(z) = 1 + \frac{1}{3}\,2 + \frac{1}{4}\,z^2 + \ldots$ konvergiert für $|z| < 2$.

4. Für $m = -\infty$ und $n = +\infty$ muß die Konvergenz ebenfalls geprüft werden.
Ist

$$f(k) = \begin{cases} 2^k & \text{für } k \geq 0, \\ 3^k & \text{für } k \quad 0, \end{cases}$$

so konvergiert

$$\hat{X}(z) = \sum_{k=0}^{\infty} 2^k\ z^{-k} + \sum_{k=-\infty}^{-1} 3^k\ z^{-k}$$

für $2 < |z| < 3$.

Betrachten wir noch einige spezielle Funktionen.

5. $f(k) = a^k$ für $k \geq 0$:

$$\hat{X}(z) = \frac{1}{1 - \frac{a}{z}} \quad \text{für } |z| > |a|.$$

$f(k) = 1$ für $k \geq 0$ entsteht für $a = 1$:

$$\hat{X}(z) = \frac{1}{1 - \frac{1}{z}} \quad \text{für } |z| > 1 .$$

Für $a = e^{j\omega}$ ergibt sich $f(k) = e^{j\omega k}$ für $k \geq 0$ mit

$$\hat{X}(z) = \frac{1}{1 - \frac{e^{j\omega}}{z}} \quad \text{für } |z| > 1.$$

Durch Trennung in Real- und Imaginärteil ergibt sich hieraus:

$$f(k) = \sin \omega k \quad \text{für } k \geq 0$$

und

$$\hat{X}(z) = \frac{\frac{\sin \omega}{z}}{1 - \frac{2}{z} \cos \omega + \frac{1}{z^2}} = \frac{z \cdot \sin \omega}{z^2 - 2z \cos \omega + 1}$$

sowie

$$f(k) = \cos \omega k \quad \text{für } k \geq 0$$

und

$$\hat{X}(z) = \frac{1 - \frac{\cos \omega}{z}}{1 - \frac{2}{z} \cos \omega + \frac{1}{z^2}} = \frac{z^2 - z \cos \omega}{z^2 - 2z \cos \omega + 1} .$$

6. Ist $\hat{X}(z)$ das Bild von $f(k)$, und konvergiert $\hat{X}(z)$ für $|z| > R$, so ist $-z \frac{d\hat{X}(z)}{dz}$ das Bild von $k \cdot f(k)$ mit dem gleichen Konvergenzradius.

Wir gehen noch einmal zurück zu $f(k) = 1$. Durch Multiplikation mit k entsteht $f(k) = k$ mit der Bildfunktion

$$\hat{X}(z) = \frac{1}{z(1 - \frac{1}{z})^2} \qquad \text{für} \quad |z| > 1.$$

$f(k) = k^2$ besitzt die Bildfunktion

$$\hat{X}(z) = \frac{(1 + \frac{1}{z})}{z(1 - \frac{1}{z})^3} \qquad \text{für} \quad |z| > 1.$$

$f(k) = \frac{1}{k}$ für $k \geqslant 1$ wird auf $X(z) = -\log(1 - \frac{1}{z})$ für $|z| > 1$ und $f(k) = \frac{1}{k!}$ für $k \geqslant 1$ wird auf $\hat{X}(z) = e^{\frac{1}{z}}$ für $|z| > 0$ abgebildet.

7. Zeitliche Verschiebungen und Multiplikationen der Funktionswerte mit Konstanten lassen sich durch die folgenden Korrespondenzen erledigen (Z bezeichne die z-Transformation):

$$Z\,[f(k+1)] = z\,(\hat{X}(z) - f(0));$$

$$Z\,[f(k+m)] = z^m(\hat{X}(z) - \sum_{i=0}^{m-1} f(i)z^{-i});$$

$$Z\,[f(k-m)] = z^{-m}\,\hat{X}(z);$$

$$Z\,[\Delta f(k)] = (z-1)\,\hat{X}(z) - z\,f(0) \quad \text{für } \Delta f(k) = f(k+1) - f(k);$$

$$\mathcal{Z}\left[\Delta' f(k)\right] = (1 - \frac{1}{z})\, \hat{X}(z) \quad \text{für} \quad \Delta' f(k) = f(k) - f(k-1); \quad -$$

$$\mathcal{Z}\left[a^{k} f(k)\right] = \hat{X}(\frac{z}{a}).$$

LITERATUR

1 Achieser, N. J.: Vorlesungen über Approximationstheorie. Akademie-Verlag, Berlin 1967.

2 Achilles, D.: Die Fourier-Transformation in der Signalverarbeitung. Kontinuierliche und diskrete Verfahren der Praxis. Springer-Verlag, Berlin-Heidelberg-New York 1978.

3 Ango, A.: Matematika dlja elektro- i radioinženerov. Nauka, Moskau 1965.

4 Brêard, C.: Mathématiques-Classe de seconde a, c, t. Paris 1969.

5 Brêard, C. und G. Ifrah: Mathématiques terminales C, D, E. Structures algébriques. Paris 1971.

6 Ditkin, V. A. und A. P. Prudnikov: Operacionnoe isčislenie. Vysšaja škola, Moskau 1971.

7 Dobesch, H. und H. Sulanke: Zeitfunktionen. Theorie und Anwendung. VEB Verlag Technik, Berlin 1966.

8 Dreszer, J. (Herausg.): Mathematik-Handbuch für Technik und Naturwissenschaft. VEB Fachbuchverlag, Leipzig 1975.

9 Freeman, H.: Discrete - Time Systems - An Introduction to the Theory. John Wiley & Sons, Inc., New York - London - Sydney 1965.

10 Fritzsche, G.: Zeitdiskrete und digitale Systeme. Akademie-Verlag, Berlin 1981.

11 Harnuth, H. F.: Teorija sekventnogo analiza. Osnovy i primenenija. Mir, Moskau 1980.

12 Kantorowitsch, L. W. und G. P. Akilow: Funktionalanalysis in normierten Räumen. Akademie-Verlag, Berlin 1964.

13 Karpovskij, M. G. und E. S. Moskalev: Spektralnije metody analiza i sinteza diskretnych ustroistv. Energija, Leningrad 1973.

14 Kartašev, V. G.: Osnovy Teorii diskretnych signalov i zifrovych fil'trov. Vysšaja skola, Moskau 1982.

15 Klaua, D.: Grundbegriffe der axiomatischen Mengenlehre, Teil 1. Einführung in die Allgemeine Mengenlehre II/1. Akademie-Verlag, Berlin 1973.

16 Klaua, D.: Grundbegriffe der axiomatischen Mengenlehre, Teil 2. Einführung in die Allgemeine Mengenlehre II/2. Akademie-Verlag, Berlin 1973.

17 Korn, G. und T. Korn: Spravočnik po matematike dlja naučnych rabotnikov i inženerov. Opredelenija, teoremy, formuly. Nauka, Moskau 1970.

18 Kreß, D.: Theoretische Grundlagen der Signal- und Informationsübertragung. Akademie-Verlag, Berlin 1977.

19 Lange, F. H.: Zum Einfluß der modernen Algebra auf die Entwicklung der Informationstechnik: Algebraische Strukturen in der Signaltheorie. Sitzungsberichte der AdW der DDR 18 N 1976. Probleme und Ergebnisse aus der Klasse Mathematik 1974/1975, S. 32 - 54. Akademie-Verlag, Berlin 1977.

20 Leuthold, P. E.: Die Bedeutung der Hilbert-Transformation in der Nachrichtentechnik. Scientia Electrica, Vol. 20, Fasc. 4, 1974.

21 Löffler, H.: Information - Signal - Nachrichtenverkehr. Akademie-Verlag, Berlin 1980.

22 Myschkis, A. D.: Angewandte Mathematik für Physiker und Ingenieure. Mir, Moskau 1981.

23 Natanson, I. P.: Theorie der Funktionen einer reellen Veränderlichen. Akademie-Verlag, Berlin 1961.

24 Polonnikov, R. I., V. I. Kostjuk und V. E. Kraskevič: Matricnye metody obrabotki signalov. Technika, Kiew 1977.

25 Smirnov, W. I.: Lehrgang der höheren Mathematik. VEB Deutscher Verlag der Wissenschaften, Berlin. Teil II, Berlin 1961. Teil III, 2, Berlin 1964. Teil IV, Berlin 1963. Teil V, Berlin 1962.

26 Trachtman, A. M. und V. A. Trachtman: Osnovy teorii diskretnych signalov na konečnych intervalach. Sovetskoe radio, Moskau 1975.

27 Unbehauen, R.: Systemtheorie - Eine Darstellung für Ingenieure. Akademie-Verlag, Berlin 1980.

28 Vladimirov, V.: Distributions en Physique mathématique. Mir, Moskau 1979.

29 Woschni, E.-G.: Informationstechnik. VEB Verlag Technik, Berlin 1973 (2. Auflage 1981). Dr. A. Hüthig-Verlag, Heidelberg 1974.

30 Woschni, E.-G. und M. Krauß: Informationstechnik-Arbeitsbuch. VEB Verlag Technik, Berlin 1976.

31 Wunsch, G.: Systemtheorie der Informationstechnik. Akademische Verlagsgesellschaft Geest & Portig K. G., Leipzig 1972.

Anhang I. Mengen und Mengenoperationen

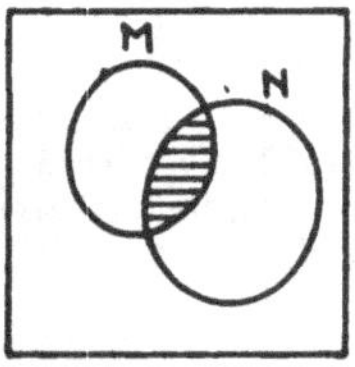

$M \cap N$

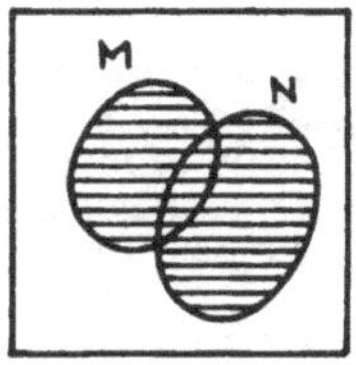

$M \cup N$

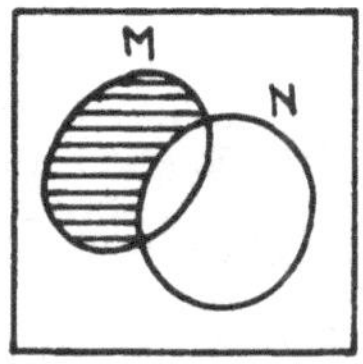

$M \setminus N$

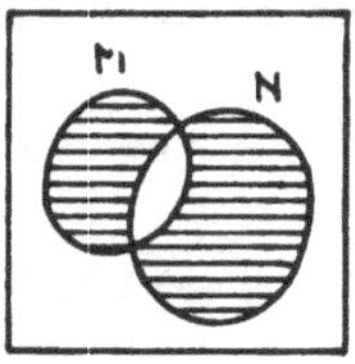

$M \triangle N$

$M \bar{\triangle} N$

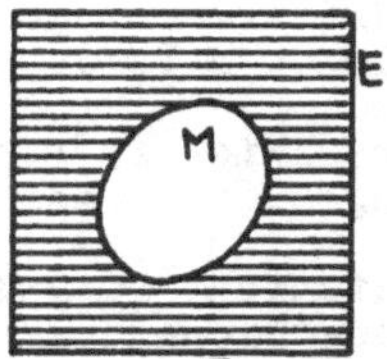

$\bar{M}^E$

I. $M \cap N = N \cap M$	$M \cup N = N \cup M$	(Kommutativität)
$(M \cap N) \cap O = M \cap (N \cap O)$	$(M \cup N) \cup O = M \cup (N \cup O)$	(Assoziativität)
$M \cap M = M$	$M \cup M = M$	(Idempotenz)
$M \cup (N \cap O) = (M \cup N) \cap (M \cup O)$	$M \cap (N \cup O) = (M \cap N) \cup (M \cap O)$	(Distributivität)
$M \cup (M \cap N) = M$	$M \cap (M \cup N) = M$	(Absorption)
$M \cap \emptyset = \emptyset$	$M \cup \emptyset = M$	
$M \subseteq N \Longrightarrow M \cap O \subseteq N \cap O$,	$M \cup O \subseteq N \cup O$	(Monotonie)

II. $M \setminus N = (M \cup N) \setminus N = M \setminus (M \cap N)$
$M \cup N = (M \setminus N) \cup (M \cap N) \cup (N \setminus M) = M \cup (N \setminus M)$ (disjunkte Zerlegung von $M \cup N$)

$M \cap N = M \setminus (M \setminus N)$
$(M \setminus N) \cap O = (M \cap O) \setminus (N \cap O) = (M \cap O) \setminus N$
$(M \setminus N) \cup O = (M \cup O) \setminus (N \setminus O)$
$(M \setminus N) \setminus O = (M \setminus O) \setminus (N \setminus O) = M \setminus (N \setminus O)$

$(M \cup N) \setminus O = (M \setminus O) \cup (N \setminus O)$

$(M \cap N) \setminus O = (M \setminus O) \cap (N \setminus O)$

$M \setminus \emptyset = M, \; M \setminus M = \emptyset, \; \emptyset \setminus M = \emptyset$

$M \subseteq N \Longrightarrow M \setminus O \subseteq N \setminus O, \; O \setminus M \supseteq O \setminus N$ (Monotonie)

III. $M \triangle N = (M \cup N) \setminus (M \cap N)$

$M \cup N = M \triangle N \triangle (M \cap N)$

$M \cap N = (M \cup N) \setminus (M \triangle N)$

$M \setminus N = (M \triangle N) \cap M$

$M \triangle N = N \triangle M$ (Kommutativität)

$(M \triangle N) \triangle O = M \triangle (N \triangle O)$ (Assoziativität)

$M \cap (N \triangle O) = (M \cap N) \triangle (M \cap O)$ (Distributivität)

$M \triangle M = \emptyset, \quad M \triangle \emptyset = M$

$M \triangle N = (M \cap \overline{N}) \cup (\overline{M} \cap N)$

IV. $M \mathbin{\overline{\triangle}} N = \overline{M \triangle N}$

$M \mathbin{\overline{\triangle}} N = \overline{(M \cup N)} \cup (M \cap N) = (\overline{M} \cap \overline{N}) \cup (M \cap N)$

$M \cap N = M \mathbin{\overline{\triangle}} N \mathbin{\overline{\triangle}} (M \cup N)$

$M \mathbin{\overline{\triangle}} N = N \mathbin{\overline{\triangle}} M$ (Kommutativität)

$(M \mathbin{\overline{\triangle}} N) \mathbin{\overline{\triangle}} O = M \mathbin{\overline{\triangle}} (N \mathbin{\overline{\triangle}} O)$ (Assoziativität)

$M \cup (N \mathbin{\overline{\triangle}} O) = (M \cup N) \mathbin{\overline{\triangle}} (M \cup O)$ (Distributivität)

V. $M \cup \overline{M} = E, \quad M \cap \overline{M} = \emptyset$

$\overline{\overline{M}} = M$

$\overline{M \cup N} = \overline{M} \cap \overline{N}$ (DE MORGANsche

$\overline{M \cap N} = \overline{M} \cup \overline{N}$ Gesetze)

$\overline{\emptyset} = E, \quad \overline{E} = \emptyset$

$M \mathbin{\overline{\triangle}} E = M, \quad M \mathbin{\overline{\triangle}} M = E$

$M \setminus N = M \cap \overline{N}$

VI. $(M \cup N) \times O = (M \times O) \cup (N \times O)$

$M \times (N \cup O) = (M \times N) \cup (M \times O)$

$(M \cap N) \times O = (M \times O) \cap (N \times O)$

$M \times (N \cap O) = (M \times N) \cap (N \times O)$

$(M \setminus N) \times O = (M \times O) \setminus (N \times O)$

$M \times (N \setminus O) = (M \times N) \setminus (M \times O)$

Anhang II. Fourier-Transformierte für wichtige Funktionen und Distributionen

	$f(x)$	$F(j\omega)=\int_{-\infty}^{\infty} e^{-j\omega x} f(x)\,dx$	
1.	e^{-ax^2}	$\sqrt{\frac{\pi}{a}}\, e^{-\frac{\omega^2}{4a}}$	$\mathrm{Re}\, a>0,\ \mathrm{Re}\sqrt{a}>0$
2.	$e^{-a\lvert x\rvert}$	$\frac{2a}{a^2+\omega^2}$	$a>0$
3.	$\operatorname{sign} x \cdot e^{-a\lvert x\rvert}$	$\frac{-j2\omega}{a^2+\omega^2}$	$a>0$ $\operatorname{sign} x=\begin{cases}-1 \text{ für } x<0\\ 0 \text{ für } x=0\\ 1 \text{ für } x>0\end{cases}$
4.	$\frac{1}{x^2+a^2}$	$\frac{\pi}{a}\, e^{-a\lvert\omega\rvert}$	$a>0$
5.	$\frac{1}{(x^2+a^2)(x^2+b^2)}$	$\frac{\pi}{ab(b^2-a^2)}\left(b e^{-a\lvert\omega\rvert}-a e^{-b\lvert\omega\rvert}\right)$	$a>0, b>0, a\neq b$
6.	$\frac{1}{(x^2+a^2)^2}$	$\frac{\pi}{2a^3}(1+a\lvert\omega\rvert)\, e^{-a\lvert\omega\rvert}$	$a>0$
7	$\frac{1}{\cosh ax}$	$\frac{\pi}{a}\, \frac{1}{\cosh \frac{\pi\omega}{2a}}$	$a>0$
8.	$\begin{cases}1 \text{ für } \lvert x\rvert< x_0\\ 0 \text{ für } \lvert x\rvert > x_0\end{cases}$	$2\sin \frac{\omega x_0}{\omega}$	$x_0>0$
9.	$\begin{cases}1 \text{ für } -2x_0<x<0\\ -1 \text{ für } 0<x<2x_0\\ 0 \text{ für } \lvert x\rvert>2x_0\end{cases}$	$4j\, \frac{\sin^2 \omega x_0}{\omega}$	$x_0>0$
10.	$e^{-ax}\cdot 1(x)$	$\frac{1}{a+j\omega}$	$a>0$
11.	$x^n e^{-ax}\cdot 1(x)$	$\frac{n!}{(a+j\omega)^{n+1}}$	$a>0$ n natürliche Zahl

12.	$\frac{1}{\sqrt{\lvert x \rvert}}$	$\sqrt{\frac{2\pi}{\lvert\omega\rvert}}$	
13.	$\frac{\operatorname{sign} x}{\sqrt{\lvert x \rvert}}$	$-j\sqrt{\frac{2\pi}{\lvert\omega\rvert}}\ \operatorname{sign}\omega$	
14.	$\frac{\sin ax}{x}$	$\begin{cases} \pi & \text{für } \lvert\omega\rvert < a \\ 0 & \text{für } \lvert\omega\rvert > a \end{cases}$	$a > 0$
15.	$\frac{\sin ax}{x} \cdot 1(x)$	$\operatorname{arc\,tan} \frac{a}{j\omega}$	$a > 0$
16.	1	$2\pi\,\delta(\omega)$	
17.	x^n	$2\pi\, j^n \delta^{(n)}(x)$	n natürliche Zahl
18.	$e^{j\omega_0 x}$	$2\pi\,\delta(\omega-\omega_0)$	ω_0 reelle Zahl
19.	$\cos\omega_0 x$	$\pi\left[\delta(\omega-\omega_0)+\delta(\omega+\omega_0)\right]$	$\omega_0 > 0$
20.	$\sin\omega_0 x$	$\frac{\pi}{j}\left[\delta(\omega-\omega_0)-\delta(\omega+\omega_0)\right]$	$\omega_0 > 0$
21.	$x^n\cos\omega_0 x$	$\pi j^n\left[\delta^{(n)}(\omega-\omega_0)+\delta^{(n)}(\omega+\omega_0)\right]$	n natürliche Zahl, $\omega_0 > 0$
22.	$x^n\sin\omega_0 x$	$\pi j^{n-1}\left[\delta^{(n)}(\omega-\omega_0)-\delta^{(n)}(\omega+\omega_0)\right]$	n natürliche Zahl, $\omega_0 > 0$
23.	$1(x)$	$\pi\,\delta(\omega)+\frac{1}{j\omega}$	
24.	$\operatorname{sign}(x)$	$\frac{2}{j\omega}$	
25.	$x^n\, 1(x)$	$\pi j^n \delta^{(n)}(\omega)+\frac{n!}{(j\omega)^{n+1}}$	n natürliche Zahl

26.	$x^n \cdot \text{sign}(x)$	$\frac{2n!}{(j\omega)^{n+1}}$	n natürliche Zahl
27.	$e^{j\omega_0 x}\ 1(x)$	$\pi\delta(\omega-\omega_0)+\frac{1}{j(\omega-\omega_0)}$	ω_0 reelle Zahl
28.	$\cos\omega_0 x\ 1(x)$	$\frac{\pi}{2}[\delta(\omega-\omega_0)+\delta(\omega+\omega_0)]-\frac{j\omega}{\omega^2-\omega_0^2}$	$\omega_0 > 0$
29.	$\sin\omega_0 x\ 1(x)$	$\frac{\pi}{2j}[\delta(\omega-\omega_0)-\delta(\omega+\omega_0)]-\frac{\omega_0}{\omega^2-\omega_0^2}$	$\omega_0 > 0$
30.	$\delta(x)$	1	
31.	$\delta(x-x_0)$	$e^{j\omega x_0}$	x_0 reelle Zahl
32.	$\delta^{(n)}(x)$	$(j\omega)^n$	n natürliche Zahl
33.	$\delta^{(n)}(x-x_0)$	$(j\omega)^n e^{j\omega x_0}$	n natürliche Zahl x_0 reelle Zahl

Anhang III. Laplace-Transformierte für wichtige Funktionen und Distributionen

$f(x)$	$F(s)=\int_0^{\infty} e^{-sx} f(x)dx$	
1. 1	$\frac{1}{s}$	
2. x	$\frac{1}{s^2}$	
3 x^n	$\frac{n!}{s^{n+1}}$	n natürliche Zahl
4. $\frac{1}{\sqrt{x}}$	$\sqrt{\frac{\pi}{s}}$	
5. $\sqrt{x}$	$\frac{\sqrt{\pi}}{2}\cdot\frac{1}{s^{\frac{3}{2}}}$	
6. e^{-ax}	$\frac{1}{s+a}$	
7. $\frac{1}{a}(1-e^{-ax})$	$\frac{1}{s(s+a)}$	$a \neq 0$
8. $\frac{e^{-a_1x}-e^{-a_2x}}{a_2-a_1}$	$\frac{s}{(s+a_1)(s+a_2)}$	$a_1 \neq a_2$
9. $x^n e^{-ax}$	$\frac{u!}{(s+a)^{u+1}}$	n natürliche Zahl
10. $\frac{1}{a^2}(e^{-ax}+ax-1)$	$\frac{1}{s^2(s+a)}$	
11. $(1-ax)e^{-ax}$	$\frac{s}{(s+a)^2}$	
12. $(x-\frac{1}{2}ax^2)e^{-ax}$	$\frac{s}{(s+a)^3}$	

13.	$(1-e^{-x})^n$	$\frac{n!}{s(s+1)(s+2)\ldots(s+n)}$	n natürliche Zahl
14.	$\sin ax$	$\frac{a}{s^2+a^2}$	
15.	$\cos ax$	$\frac{s}{s^2+a^2}$	
16.	$e^{-ax}\sin bx$	$\frac{b}{(s+a)^2+b^2}$	
17.	$e^{-ax}\cos bx$	$\frac{s+a}{(s+a)^2+b^2}$	
18.	$\frac{1}{a^2}(1-\cos ax)$	$\frac{1}{s(s^2+a^2)}$	
19.	$\frac{1}{2a^3}(\sin ax - ax\cos ax)$	$\frac{1}{(s^2+a^2)^2}$	
20.	$x \sin ax$	$\frac{2as}{(s^2+a^2)^2}$	
21.	$x \cos ax$	$\frac{s^2-a^2}{(s^2+a^2)^2}$	
22.	$\sin^2 ax$	$\frac{2a^2}{s(s^2+4a^2)}$	
23.	$\cos^2 ax$	$\frac{s^2+2a^2}{s(s^2+4a^2)}$	
24.	$\frac{\sin ax}{x}$	$\arctan \frac{a}{s}$	
25.	$\mathrm{Si}(ax)$	$\frac{1}{s}\arctan\frac{a}{s}$	$\mathrm{Si}(ax)=\int_0^x \frac{\sin a\xi}{\xi}d\xi$
26.	$\delta(x)$	1	

27.	$\delta'(x)$	s
28.	$\sinh ax$	$\frac{a}{s^2-a^2}$
29.	$\cosh ax$	$\frac{s}{s^2-a^2}$
30.	$e^{-ax}\sinh bx$	$\frac{b}{(s+a)^2-b^2}$
31.	$e^{-ax}\cosh bx$	$\frac{s+a}{(s+a)^2-b^2}$
32.	$\sin ax \; \sinh ax$	$\frac{2a^2s}{s^4+4a^4}$
33.	$\sin ax \; \cosh ax$	$\frac{a(s^2+2a^2)}{s^4+4a^4}$
34.	$\cos ax \; \sinh ax$	$\frac{a(s^2-2a^2)}{s^4+4a^4}$
35.	$\cos ax \; \cosh ax$	$\frac{s^3}{s^4+4a^4}$

Sachwörterverzeichnis

Die Autoren

- vermitteln einen allgemeinen funktionalanalytischen Zugang zum Gebiet der Funktionaltransformationen
- behandeln Fourier-, Laplace-, Hilbert-, Bessel- sowie diskrete Transformationen
- erläutern diese Transformationen anhand von physikalisch-technischen Beispielen
- bereiten damit dem Ingenieur und Techniker die Mathematik für dieses Teilgebiet als Werkzeug auf

FSC
www.fsc.org
MIX
Papier | Fördert gute Waldnutzung
FSC® C083411

Zeitfracht Medien GmbH
Ferdinand-Jühlke-Straße 7
99095 Erfurt, Deutschland
produktsicherheit@kolibri360.de